光学综合实验指导书

徐新华　赵　琦　王　青　陈　磊　编著

U0282496

电子工业出版社·
Publishing House of Electronics Industry
北京·BEIJING

内 容 简 介

光学综合实验是光学工程课程体系中的重要环节，通过典型实验，使学生验证、巩固和深化所学的光学理论知识，同时使学生得到实验方法的良好训练，以及实验技能及动手能力的全面培养。全书共四部分，第一部分是光学综合实验Ⅰ，包括位移法测量薄透镜焦距、自准直法测量薄透镜焦距、光学系统基点测量、三棱镜的角度与色散测量，共四个实验项目；第二部分是光学综合实验Ⅱ，包括迈克耳孙干涉仪、法布里-珀罗干涉仪、衍射光栅分光特性及光波波长的测定、夫琅禾费衍射光强分布的测定、偏振光的研究、超声光栅测液体中的声速，共六个实验项目；第三部分是光学综合实验Ⅲ，包括平行光管的调校、放大率法测量透镜焦距、最小偏向角法测量光学玻璃折射率、Ⅴ棱镜法测量光学玻璃折射率、平面元件光学不平行度测量，共五个实验项目；第四部分是光学综合实验Ⅳ，包括光发送和光接收、光线路CMI码、模拟语音光纤传输、声光调制特性测试及分析、电光调制特性测试及分析，共五个实验项目。

本书主要用于光电信息科学与工程专业的基础光学实验的教学，也可用作电子信息类专业的教材和参考书。

图书在版编目（CIP）数据

光学综合实验指导书 / 徐新华等编著. —北京：电子工业出版社，2022.3

ISBN 978-7-121-43013-8

Ⅰ. ①光…　Ⅱ. ①徐…　Ⅲ. ①光学－实验－高等学校－教学参考资料　Ⅳ. ①O43-33

中国版本图书馆 CIP 数据核字（2022）第 031227 号

责任编辑：赵玉山　　特约编辑：田学清
印　　刷：三河市双峰印刷装订有限公司
装　　订：三河市双峰印刷装订有限公司
出版发行：电子工业出版社
　　　　　北京市海淀区万寿路 173 信箱　邮编：100036
开　　本：787×1092　1/16　印张：7.75　字数：180 千字
版　　次：2022 年 3 月第 1 版
印　　次：2022 年 3 月第 1 次印刷
定　　价：29.00 元

凡所购买电子工业出版社图书有缺损问题，请向购买书店调换。若书店售缺，请与本社发行部联系，联系及邮购电话：(010)88254888，88258888。

质量投诉请发邮件至 zlts@phei.com.cn，盗版侵权举报请发邮件至 dbqq@phei.com.cn。

本书咨询联系方式：zhaoys@phei.com.cn。

前　言

本书是根据光学综合实验课程的教学大纲编写的，适用于光电信息科学与工程专业。光学综合实验Ⅰ、光学综合实验Ⅱ、光学综合实验Ⅲ、光学综合实验Ⅳ是光电信息科学与工程专业的四门必修实验课程，分别是几何光学、物理光学、光学测量和光纤通信四门理论课程的实验环节。通过典型实验，使学生验证、巩固和深化所学的光学理论知识，同时以更开放、更灵活的方式，培养学生的动手能力、合作精神和对工程技术问题的思考方式，形成开放式创新思维，为以后的学习和工作奠定良好的基础。

全书共四部分，第一部分是光学综合实验Ⅰ，通过实验，使学生学会调节光学系统共轴、掌握薄透镜焦距的常用测量方法、研究透镜成像的规律、了解光学透镜组基点的特性、学会测量光学透镜组基点的方法、了解分光计的构造原理并学会正确使用分光计、了解光的折射与棱镜色散现象、掌握棱镜角度测量的原理和方法等。

第二部分是光学综合实验Ⅱ，通过实验，使学生了解迈克耳孙干涉仪的结构和原理，学会迈克耳孙干涉仪的调整方法并基本掌握其使用方法，观察各种干涉现象并了解它们的形成条件，了解法布里-珀罗干涉仪的结构和原理，学会法布里-珀罗干涉仪的调整方法并基本掌握其使用方法，观察多光束等倾条纹并了解它们的形成条件，观察透射光栅的分光现象并了解其分光特性，学会用衍射光栅测量光波波长，观察单缝夫琅禾费衍射现象并加强对夫琅禾费衍射理论的理解，学会鉴别圆偏振光、椭圆偏振光、线偏振光和部分偏振光，验证马吕斯定律，测量布儒斯特角，加深对光的偏振理论的理解，了解超声光栅，掌握利用超声光栅测量液体中声速的原理和方法等。

第三部分是光学综合实验Ⅲ，通过实验，使学生了解自准直法、五棱镜法调校平行光管的原理并掌握其调校方法，掌握放大率法测正、负透镜焦距的原理，熟悉焦距仪的结构并掌握焦距的测量技术，掌握用最小偏向角法测量光学玻璃折射率的原理和方法，掌握用 V 棱镜法测量光学玻璃折射率的原理和方法，掌握光学测角仪的使用与测量平板玻璃不平行度的原理和方法，掌握反射棱镜光学不平行度的概念和用光学测角仪测量反射棱镜光学不平行度的方法等。

第四部分是光学综合实验Ⅳ，通过实验，使学生了解光纤通信中光发送和光接收的工作原理，了解模拟信号与数字信号的光发送和光接收，了解 CMI 编码、译码及光纤传输原理，掌握用光纤通信实验箱实现 CMI 编/译码、光纤传输的方法，了解光纤通信模拟电话的原理，掌握声光调制的基本原理，加深对声光器件工作原理的理解，了解声光器件在光纤通信中的应用，掌握电光调制器的工作原理，了解电光器件在光纤通信中的应用等。

本书由徐新华、赵琦、王青、陈磊编著，在编著过程中，杨晓春老师、上海诺基亚贝尔股份有限公司何瑾琳博士对本书的内容提出了很多宝贵意见，在此表示衷心的感谢。

由于作者水平有限，书中难免有疏漏之处，恳请读者批评指正。

编著者
2022 年 1 月

目　　录

光学综合实验 I

光学综合实验 Ⅱ

光学综合实验 Ⅲ

光学综合实验Ⅳ

实验守则

1．请准时进入实验室，保持室内卫生，与实验无关的物品不准带入实验室。

2．要认真预习实验内容，按老师的要求做好实验预习报告，包括了解实验原理、注意事项等，部分实验需要学生参与实验准备工作；无预习者不得做实验。

3．实验时，首先检查所用仪器设备是否齐全完好，了解仪器的正确使用方法，当不了解仪器的结构和操作方法时，不得动用仪器设备。

4．在调整仪器时，应注意正确安排仪器，以便于使用和调节为准。

5．接通电源前，应注意电源电压，要正确选用仪器所需的相应变压器，防止损坏仪器及触电。

6．不得随意动用与本次实验无关的仪器。

7．绝对禁止用手指和不洁物品触摸或擦拭光学零件表面。

8．损坏仪器者按学校规定赔偿。

9．实验完毕，整理好仪器设备及室内卫生，经老师检查同意后方能离开实验室。

10．实验后按要求按时完成实验报告。

实验报告撰写要求

一、五项原则

各类实验（试验）报告是否合格，有一个共同标准，就是 1930 年 Ward. G. Reedex 提出的五项原则。

正确性：要求实验（试验）报告的实验（试验）原理、方法、数据及结论都是正确无误的，并要求报告的表述也是正确无误的。

客观性：要求人们抱着客观的态度去观察实验（试验）和记录的现象，同时，在写作时，也应尽可能客观地、忠实地报道实验（试验）结果。

公正性：做实验（试验）的人必须排除一切主观因素，不能带着某种偏见去观察和理解实验（试验）现象，只有这样，在描述和报道实验（试验）结果时，才能表现出公正的态度。

确证性：实验（试验）结果是能被任何人重复和验证的。也就是说，在相同的条件下，任何人在任何时间、任何地点重复这个实验（试验），都一定能观察到同样的现象，并能得到同样的结果，即实验（试验）结果具有再现性。

可读性：报告的写作符合语法的规范要求，文风要简洁明晰。为使读者了解复杂的实验过程，实验报告的写作除文字叙述和说明以外，还常常借助画图像、列表格、作曲线图等方式来说明实验的基本原理和各步骤之间的关系，并解释实验结果等。

二、实验报告的形式要求

1. 实验内容：实验目的和老师提出的要求。
2. 实验仪器：使用的仪器和光学元件。
3. 实验原理：实验光路图及公式。
4. 实验方法和步骤论述。
5. 实验现象：记录实验过程中出现的关键的实验现象。
6. 实验数据：实验时所测的原始数据。
7. 实验结果分析。
8. 思考题回答。
9. 对本实验提出的改进意见（如果有，则需要写出来）。

光学综合实验 Ⅰ

实验一　位移法测量薄透镜焦距

一、实验目的

1．学会调节光学系统共轴。

2．掌握薄透镜焦距的常用测量方法。

3．研究透镜成像的规律。

二、实验内容及要求

1．熟悉几何光学实验平台的使用。

2．在光具座上搭建位移法测量薄透镜焦距的光学系统。

3．测量相关实验数据和拍摄相关实验现象。

三、实验设备

本实验需要用到的设备有白色 LED 光源、毛玻璃、目标板、凸透镜、白屏、导轨。

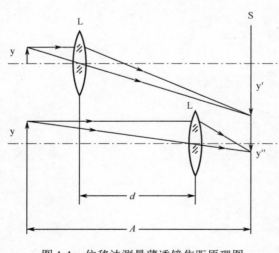

图 1-1　位移法测量薄透镜焦距原理图

四、实验原理

如图 1-1 所示，若实物 y 和接收实像的屏 S 之间的距离 A 大于成像透镜 L 的焦距 f' 的四倍，则一定可以找到两个成像的透镜位置，一个位置成一倒立放大的实像 y′，另一个位置成一倒立缩小的实像 y″。若两个成像的透镜位置之间的距离为 d，则待测成像透镜的焦距 $f' = \dfrac{A^2 - d^2}{4A}$。

五、实验步骤

1. 按照位移法测量薄透镜焦距实验装配图（见图 1-2）安装实验器件。

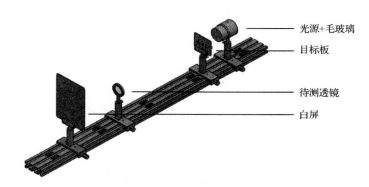

图 1-2　位移法测量薄透镜焦距实验装配图

2. 使目标板与白屏之间的距离尽可能地大，以达到 $A > 4f'$。

3. 移动待测透镜，使被照亮的目标板在白屏上成一清晰的放大像，拍下白屏上的像（只需拍一次），记下待测透镜的位置 d_1，以及目标板与白屏间的距离 A。

4. 移动待测透镜，直至在白屏上成一清晰的缩小像，拍下白屏上的像（只需拍一次），记下待测透镜的位置 d_2，若无法两次清晰成像，则增大目标板与白屏之间的距离。

5. 计算 $d = |d_1 - d_2|$，$f' = \dfrac{A^2 - d^2}{4A}$。

6. 改变目标板与白屏间的距离，重复三次实验，计算焦距，取平均值。

六、实验数据记录及处理

将实验所得数据填在表 1-1 中。

表 1-1　位移法测量薄透镜焦距实验数据记录表格

单位：mm

	A	d_1	d_2	d	f'
1					
2					
3					
焦距平均值					

实验二　自准直法测量薄透镜焦距

一、实验目的

1．学会调节光学系统共轴。

2．掌握薄透镜焦距的常用测量方法。

二、实验内容及要求

1．熟悉几何光学实验平台的使用。

2．在光具座上搭建自准直法测量薄透镜焦距的光学系统。

3．测量相关实验数据和拍摄相关实验现象。

三、实验设备

本实验需要用到的设备有白色 LED 光源、毛玻璃、目标板、凸透镜、加强铝反射镜、导轨。

四、实验原理

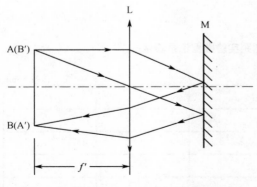

图 1-3　自准直法测量薄透镜焦距原理图

如图 1-3 所示，若物体 AB 正好处在透镜 L 的前焦面处，那么物体上各点发出的光经过透镜后，变成不同方向的平行光，经透镜后方的反射镜 M 把平行光反射回来，反射光经过透镜后，成一倒立的且与原物大小相同的实像 A′B′，实像 A′B′位于原物平面处，即成像于该透镜的前焦面上。此时，物体与透镜之间的距离就是透镜的焦距 f'，其大小可用刻度尺直接测量出来。

五、实验步骤

1．根据装配图（见图 1-4）完成系统搭建。

2．固定好物体与反射镜，估算待测透镜的焦距，调整物体与反射镜的位置，使两器件之间的距离大于待测透镜的焦距。

3．在目标板后放置待测透镜，并调整待测透镜与物体的位置，使得反射光通过待测透镜打到目标板上，形成倒立的像。在前后移动反射镜时，目标板上所成的像的大小不变，即形成等大倒立的像，拍下此时目标板上的像（只需拍一次）。若不满足，则继续调整待测透镜。

4．记录此时待测透镜与目标板的位置，分别为 a_1、a_2，由此可得待测透镜的焦距为 $f' = |a_2 - a_1|$。

5．把待测透镜翻转，重复步骤 2～4，然后取两次测量所得焦距的平均值，即该透镜的焦距。

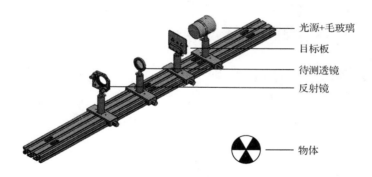

图 1-4　自准直法测量薄透镜焦距光路装配图

六、实验数据记录及处理

将实验所得数据填在表 1-2 中。

表 1-2　自准直法测量薄透镜焦距实验数据记录表格

单位：mm

	待测透镜位置	目标板位置	透镜焦距
1			
2			
焦距平均值			

实验三　光学系统基点测量

一、实验目的

1．了解光学透镜组基点的特性。

2．学会测量光学透镜组基点的方法。

二、实验内容及要求

1．熟悉几何光学实验平台的使用。

2．在光具座上搭建测量光学透镜组基点的光学系统。

3．测量相关实验数据和拍摄相关实验现象。

三、实验设备

本实验需要用到的设备有白色 LED 光源、目标板、凸透镜、节点镜头、分划板（白屏）、导轨。

四、实验原理

对于一个已知的共轴光学系统，利用近轴光学的基本公式可以求出物体理想像的大小和位置，但是当物面的位置发生变化的时候，需要重复计算，十分烦琐。而高斯光学则可以不涉及光学系统的具体结构，采用一些特殊的点和面表示一个光学系统的成像性质，我们称这些特殊的点为基点，称这些特殊的面为基面。根据基点和基面就能够确定其他任意点的物像关系，从而使成像过程变得简单。每个厚透镜及共轴球面透镜组都有六个基点，即两个焦点 F、F'，两个主点 H、H'，两个节点 N、N'，对应的就有焦平面、主平面和节平面。

（1）焦点和焦平面。

一个实际的高斯光学系统通常有两个焦点，即物方焦点和像方焦点。相应地，有两个焦平面，即物方焦平面和像方焦平面。当平行于系统光轴的光线入射系统时，光线会交于光轴上一点（设为 F'），显然 F' 为物方无限远处的轴上点所成的像，我们称 F' 点为光学系统的像方焦点（或后焦点、第二焦点），过像方焦点 F' 作一垂直于光轴的平面，即像方焦平面。物方无限远处的轴外点发出的倾斜于光轴的平行光束经过系统后，必定会交于像方焦平面上一点。

同理，在系统光轴上也可以找到一个具体的位置点 F，从 F 点发出的光经过系统后均为平行于光轴的光，该点 F 即物方焦点（或称为前焦点、第一焦点），过物方焦点 F 作垂直于光轴的平面，即物方焦平面，它与像方无限远处的垂轴平面相共轭。物方焦平面上的任一点发出的光束经光学系统后均以平行光射出。

（2）主点和主平面。

在光学系统中，垂轴放大率 β 不是一个定值，它随物体位置的变化而变化，但总可以找到这样一个位置，在该位置，这对共轭面的垂轴放大率 $\beta = +1$，我们称这对共轭面为主平面，位于物方的主平面称为物方主平面，位于像方的主平面称为像方主平面。主平面与光轴的交点称为主点，物方主平面与光轴的交点称为物方主点 H，像方主平面与光轴的交点称为像方主点 H'。严格说来，主平面是相对于光轴对称的曲面，只有在近轴区才可以看成是垂直于光轴的平面。例如，在图 1-5 中，MH 和 $M'H'$ 就分别是物方主平面和像方主平面。

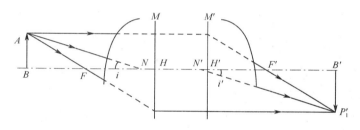

图 1-5　透镜组光路示意图

（3）节点和节平面。

除了主点和焦点，在实际应用中，还存在另外一对共轭点，那就是节点。节点是指角放大率 $\gamma = +1$ 的一对共轭点，物方节点用字母 N 表示，像方节点用字母 N' 表示。当入射光线（或其延长线）通过第一节点 N 时，出射光线（或其延长线）必通过第二节点 N'，并与 N 的入射光线平行，如图 1-5 所示。当共轴球面系统处于同一媒质中时，两主点分别与两节点重合。

综上所述，薄透镜的两主点和两节点与透镜的光心重合，而共轴球面系统的两主点和两节点的位置将随各组合透镜或折射面的焦距与系统的空间特性而异。实际在使用透镜组时，多数场合的透镜组两边都是空气，物方和像方媒质的折射率相等，此时节点和主点重合。

如何用节点镜头测定节点的所在呢？设有一束平行光入射于由两片薄透镜组成的光具组，光具组与平行光束共轴，光线通过光具组后，会聚于白屏上的 Q 点，如图 1-6 所示，此 Q 点即光具组的像方焦点 F'。以经过节点且垂直于平行光的某一方向为轴，将光具组转动一小角度，如图1-7所示。回转轴恰好通过光具组的第二节点 N'，因为入射第一节点 N 的光线必从第二节点 N' 射出，而且出射光平行于入射光，现在 N' 未动，入射光方向未变，所以通过光具组的光束仍然会聚于焦平面上的 Q 点，但是这时光具组的像方焦点 F' 已离开 Q 点。严格地讲，回转后像的清晰度稍差。

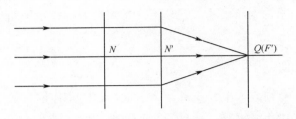

图1-6　节点位置判定

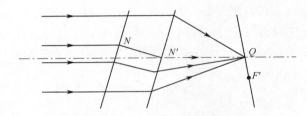

图1-7　回转轴通过光具组第二节点

本实验以两个薄透镜组合为例，主要讨论如何测定透镜组的节点，并验证节点与主点重合。双光组组合是光组组合中最常遇到的组合，也是最基本的组合，如图1-8所示。L-S 为待测透镜组，设 L 为已知透镜焦距等于 $-f_1$ 的凸透镜，S 为已知透镜焦距等于 $-f_2$ 的凸透镜，它们的焦距分别为 f_1、f_1' 和 f_2、f_2'，透镜 L 的主点（节点）为 H_1、H_1'（N_1、N_1'），像方焦点为 F_1'；透镜 S 的主点（节点）为 H_2、H_2'（N_2、N_2'），像方焦点为 F_2'，两光组光学间隔为 Δ。

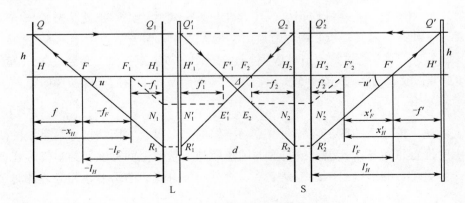

图1-8　双光组组合光路示意图

综上所述，可知透镜组焦距为

$$f' = -\frac{f_1' f_2'}{\Delta} \qquad (1\text{-}1)$$

式中，Δ 为透镜组的光学间隔，为

$$\Delta = d - f_1' + f_2 \qquad (1\text{-}2)$$

透镜组像方焦点 F' 到 S 透镜后焦点 F_2' 的距离为

$$x_F' = -\frac{f_2 f_2'}{\Delta} \qquad (1\text{-}3)$$

S 透镜后焦点 F_2' 到系统像方主点 H' 的距离为

$$x_H' = \frac{f_2'(f_1' - f_2)}{\Delta} \qquad (1\text{-}4)$$

因此，可以根据在节点镜头中读出的两透镜的距离 d，再由式（1-2）和式（1-4）计算出 x_H'，从而可知像方主点的位置。然后可与实验得出的节点位置进行比较，当满足式（1-5）时，可检验主点和节点是否重合：

$$|x_H'| = |f_2' + L_{b-a}| \qquad (1\text{-}5)$$

式中，b 是节点器（见图 1-9）透镜 S 的位置；a 是节点器支杆的位置；L_{b-a} 就是透镜 S 和节点器支杆之间的距离；f_2' 是节点器透镜 S 的焦距。

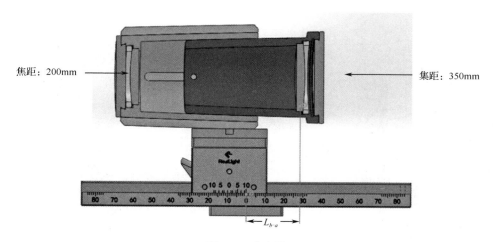

图 1-9　节点器

五、实验步骤

1. 按照装配图（见图 1-10）安装实验器件。

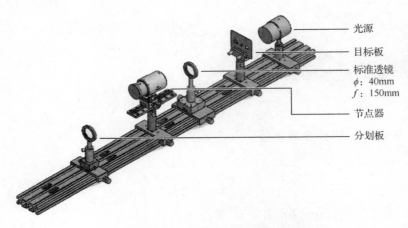

图 1-10　透镜基点测量实验系统装配图

2．调整各光学元件同轴等高，借助反射镜调节目标板与标准透镜之间的距离，使目标板位于标准透镜的前焦面（自准直法）。

3．借助分划板（白屏）找到节点器后方清晰像，然后以节点器支杆为轴旋转节点器，观察分划板上的成像位置是否发生变化。若发生变化，则旋转节点器上的调节旋钮，改变节点器的位置，直至在旋转节点器时，分划板上的成像位置不会发生改变，此时支杆的位置就是节点器节点所在的位置，拍下此时分划板上所成的清晰像的照片。记录节点器支杆的位置 a、节点器透镜 S（后透镜）与支杆之间的距离 L_{b-a} 和节点器两透镜之间的距离 d，拍下节点器读数处（顶部和侧面）的照片。节点器相关参数的读数方法如图 1-11 所示。

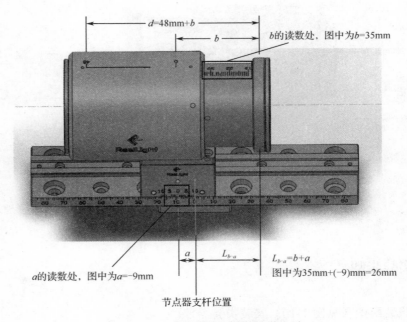

图 1-11　节点器相关参数的读数方法

4．记录节点器支杆在底座导轨上的位置读数，并拍下读数照片；移动分划板，找到此时清晰成像的位置，记录清晰成像时分划板在底座导轨上的位置读数，并拍下读数照片。

5．验证主点是否与节点重合（验证节点位置是否正确），根据测量数据计算出透镜组相关参数并做比较。

六、实验数据记录及处理

已知参数：节点器前透镜 L 的焦距为 $f_1 = -200\text{mm}$，$f_1' = 200\text{mm}$；后透镜 S 的焦距为 $f_2 = -350\text{mm}$，$f_2' = 350\text{mm}$。

1．测量并根据实验所测数据计算透镜系统相关参数，完成表 1-3。

表 1-3　光学系统基点测量实验数据记录表格

单位：mm

节点器测量数据	a	
	b	
	L_{b-a}	
	d	
计算所得数据	f'	
	x_F'	
	x_H'	
	$\lvert f_2' + L_{b-a} \rvert$	
节点器支杆在底座导轨上的位置读数	H'	
系统像平面在底座导轨上的位置读数	F'	
测量得到的焦距	$f' = F' - H'$	

2．根据表 1-3 中的数据，按比例画出透镜系统像方光路图，并标出图中间距的名称和数据。

实验四 三棱镜的角度与色散测量

一、实验目的

1．了解分光计的构造原理并学会正确使用分光计。

2．掌握棱镜角度测量的原理和方法。

3．了解光的折射与棱镜色散现象。

二、实验内容及要求

1．了解分光计的构造原理和使用方法。

2．用反射法测量棱镜的角度。

3．观察三棱镜的色散现象。

三、实验设备

光线在传播过程中遇到不同介质的分界面时，会发生反射和折射，光线将改变传播方向，在入射光与反射光或折射光之间就存在一定的夹角。通过对某些角度进行测量，可以测定折射率、光栅常数、光波波长、色散率等许多物理量。因此，精确测量这些角度在光学实验中显得十分重要。

分光计是一种能精确测量上述要求角度的典型光学仪器，经常用来测量材料的折射率、色散率、光波波长和进行光谱观测等。由于该装置比较精密，控制部件较多且操作复杂，所以使用时必须严格按照一定的规则和程序进行调整，方能获得较高精度的测量结果。

分光计的调整思想、方法与技巧在光学仪器中有一定的代表性，学会对它进行调节和使用，有助于掌握操作更为复杂的光学仪器。对初次使用者来说，往往会遇到一些困难。但只要在实验调整观察中弄清调整要求，注意观察出现的现象，并努力运用已有的理论知识去分析、指导操作，在反复练习之后才开始正式实验，一般也能掌握分光计的使用方法，并顺利地完成实验任务。

1. 分光计的结构

分光计又名分光仪、测角仪，是一种比较精密的光学仪器，可用来测量各种光线之间的角度，其基本原理是，让光线通过狭缝和聚焦透镜，形成一束平行光线，经过光学元件的反射或折射后进入望远镜物镜并成像在望远镜的焦平面上，通过目镜进行观察和测量各种光线的偏转角度。分光计的结构如图 1-12 所示。

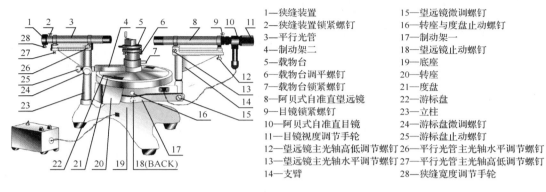

1—狭缝装置
2—狭缝装置锁紧螺钉
3—平行光管
4—制动架二
5—载物台
6—载物台调平螺钉
7—载物台锁紧螺钉
8—阿贝式自准直望远镜
9—目镜锁紧螺钉
10—阿贝式自准直目镜
11—目镜视度调节手轮
12—望远镜主光轴高低调节螺钉
13—望远镜主光轴水平调节螺钉
14—支臂
15—望远镜微调螺钉
16—转座与度盘止动螺钉
17—制动架一
18—望远镜止动螺钉
19—底座
20—转座
21—度盘
22—游标盘
23—立柱
24—游标盘微调螺钉
25—游标盘止动螺钉
26—平行光管主光轴水平调节螺钉
27—平行光管主光轴高低调节螺钉
28—狭缝宽度调节手轮

图 1-12　分光计的结构

在底座（19）的中央固定一中心轴，度盘（21）和游标盘（22）套在中心轴上，可以绕中心轴旋转，度盘下端有一推力轴承支撑，使旋转轻便灵活。度盘上刻有 720 等分的刻线，每一格的格值为 30′，对径方向设有两个游标读数装置，测量时，记录两个读数值，然后取平均值，这样可以消除偏心引起的误差。

立柱（23）固定在底座上，平行光管（3）安装在立柱上，其光轴位置可以通过立柱上的调节螺钉（26、27）进行微调。平行光管带有一狭缝装置（1），可沿光轴移动和转动，狭缝的宽度可在 0.02～2mm 内调节。

阿贝式自准直望远镜（8）安装在支臂（14）上，支臂与转座（20）固定在一起，并套在度盘上，当松开止动螺钉（16）时，转座与度盘一起旋转；当旋紧止动螺钉时，转座与度盘可以相对转动。当旋紧制动架一（17）与底座上的止动螺钉（18）时，借助制动架一末端的微调螺钉（15）可以对望远镜进行微调（旋转）。同平行光管一样，望远镜系统的光轴位置也可以通过调节螺钉（12、13）进行微调。望远镜系统的目镜（10）可以沿光轴移动和转动，目镜的视度可以调节。

载物台（5）套在游标盘上，可以绕中心轴旋转，当旋紧载物台锁紧螺钉（7）和制动架二与游标盘的止动螺钉（25）时，借助立柱上的微调螺钉（24），可以对载物台进行微调（旋转）。

在放松载物台锁紧螺钉时，载物台可根据需要升高或降低。调到所需位置后，把锁紧螺钉旋紧，载物台有三个调平螺钉（6），可调节它们，使载物台面与中心轴垂直。

外接 6.3V 电源，接到底座的插座上，通过导环通到转座的插座上，将望远镜系统的照明器插头插在转座的插座上，这样可避免望远镜系统旋转时的电线拖动。

2. 分光计的调整

精密光学测量都使用平行光，分光计也是按此设计的。分光计的调整任务如下。

（1）望远镜能够接收平行光（或调焦到无穷远处）。

（2）平行光管能够发射平行光。

（3）望远镜主光轴垂直于分光计中心轴（分光计的主轴）。

（4）平行光管主光轴与望远镜主光轴同轴等高。

为此，必须按下列步骤进行调整。

（1）熟悉分光计的结构：对照分光计的结构图和实物，熟悉分光计各部分的具体结构及其调整和使用方法。

（2）粗调（目测判断）：为了便于调节望远镜主光轴和平行光管主光轴与分光计中心轴严格垂直，可先用目视法进行粗调，使望远镜、平行光管和载物台面大致垂直于中心轴。具体方法为：凭眼睛观察，调节望远镜主光轴高低/水平调节螺钉与平行光管主光轴高低/水平调节螺钉，使望远镜与平行光管的主光轴大致同轴；再调节载物台上的三个水平调节螺钉，使载物台的法线方向大致与望远镜和平行光管的主光轴垂直。粗调是细调的前提，也是分光计被顺利调到可测量状态的保证。

（3）细调：调整望远镜以适合观察平行光。

① 点亮望远镜上的照明小灯，调节望远镜的目镜，使在视场中能清晰看到"╪"形叉丝。

② 将双面平面镜（简称平面镜或双面镜）放在载物台上（参照图 1-13 放置，图中 a、b 和 c 是载物台下面的三个水平调节螺钉）。轻缓地转动载物台，从望远镜中能看到平面镜反射回来的"十"字光斑像。如果找不到"十"字光斑像，则说明粗调没有达到要求，应重新进行粗调。

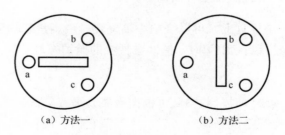

（a）方法一　　　　　　　（b）方法二

图 1-13　平面镜放置示意图

③ 在找到"十"字光斑像后，调节望远镜中的叉丝套筒，即改变叉丝与物镜间的距离，使在望远镜中能十分清晰地看到"十"字光斑像，并使"十"字光斑像与"╪"形叉丝无视差。这样，望远镜就适合接收平行光了。

④ 调节望远镜主光轴，使之垂直于分光计中心轴。

当平面镜法线与望远镜主光轴平行时，亮"十"字光斑像与"╪"形叉丝的上交点重合，如图 1-14 所示。如果在旋转载物台 180° 之后也能完全重合，则说明望远镜主光轴已垂直于分光计中心轴了。

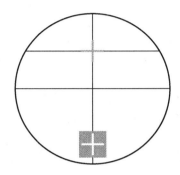

图 1-14 "十"字光斑像与"╪"形叉丝的上交点重合

但在一般情况下，"十"字光斑像与"╪"形叉丝的上交点不重合，或在"╪"形叉丝上交点的上面，或在"╪"形叉丝上交点的下面，载物台旋转 180° 后，"十"字光斑像会上下翻动，这说明载物台的法线方向与望远镜和平行光管的主光轴不严格垂直，必须细调才能严格垂直。在调节时，先要在望远镜中看到"十"字光斑像，旋转载物台 180° 后也能看到"十"字光斑像（如果发现一面有光斑，另一面没有光斑，则说明粗调没有达到要求，需要重新粗调）；然后采用渐近法（或称各半调节法）调节较为方便。如图 1-15（a）所示，"十"字光斑像在交线下方并有一个距离 h，调节载物台调平螺钉，将光斑像上抬 $h/2$，再用望远镜主光轴高低调节螺钉把光斑像上抬 $h/2$；载物台旋转 180° 后处于如图 1-15（b）所示的位置，"十"字光斑像在交线上方并有一个距离 h'，使用载物台调平螺钉往下调 $h'/2$，再用望远镜主光轴高低调节螺钉往下调 $h'/2$；反复旋转载物台（180°），采用各半调节法，使光斑像始终处于如图 1-15（c）所示的位置。

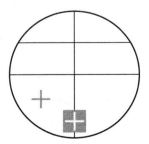 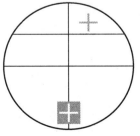 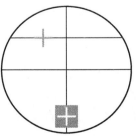

（a）"十"字光斑像在交线下方 （b）"十"字光斑像在交线上方 （c）"十"字光斑像与交线在同一高度

图 1-15 各半调节法

（4）调节平行光管产生平行光并调节平行光管的主光轴垂直于分光计中心轴。

用前面已调整好的望远镜来调节平行光管。如果平行光管出射平行光，则狭缝成像在望远镜物镜的焦平面上，在望远镜中就能清楚地看到狭缝像，并与"╪"形叉丝无视差；然后进一步调节平行光管，使其主光轴垂直于分光计中心轴。具体调整方法如下。

① 用眼睛观察，调节平行光管主光轴高低/水平调节螺钉，使平行光管主光轴大致与望远镜主光轴同轴。

② 拧松狭缝套筒锁紧螺钉，调节狭缝和透镜间的距离，使狭缝位于透镜的焦平面上，这时从望远镜中看到狭缝像的边缘十分清晰，并要求狭缝与"╪"形叉丝无视差，这时平行光管发出的是平行光；再调节狭缝宽度调节螺钉，使狭缝宽度约为 1mm。

③ 调节平行光管主光轴与分光计中心轴垂直。仍然用已垂直于分光计中心轴的望远镜观察，转动狭缝所在的套筒，使狭缝水平朝上放置，调节平行光管主光轴高低/水平调节螺钉，使狭缝的像与"╪"形叉丝的中心线重合；将狭缝所在套筒转动 180°，使狭缝水平朝下放置，同样调节平行光管主光轴高低/水平调节螺钉，再使狭缝的像与"╪"形叉丝的中心线重合。这样反复调节几次，使狭缝始终与"╪"形叉丝的中心线重合。

四、实验原理

用分光计测量三棱镜顶角可以采用两种方法，如图 1-16 所示。

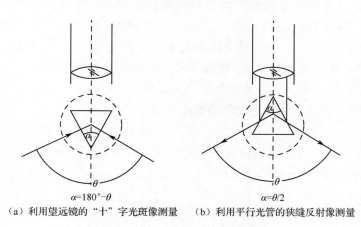

（a）利用望远镜的"十"字光斑像测量　$\alpha=180°-\theta$　　（b）利用平行光管的狭缝反射像测量　$\alpha=\theta/2$

图 1-16　三棱镜顶角测量方法

（1）利用望远镜的"十"字光斑像测量：用望远镜依次对准夹棱镜顶角的两个面（此时要转动望远镜而不能转动载物台），使得返回的"十"字光斑像在分划板上重合（表明自准直望远镜已经垂直于被测的面），记录望远镜的两个角度读数，望远镜转过的角度与顶角互补。

（2）利用平行光管的狭缝反射像测量：使待测顶角对向平行光管，用望远镜依次观察由两个面反射的狭缝像，记录望远镜的两个角度读数，望远镜转过的角度为顶角的2倍。

五、实验步骤

1．调整分光计（详见实验设备部分）。

2．放置三棱镜：使棱镜待测角 A 的一个边与载物台水平调整脚（Z_1、Z_3）的连线垂直（见图 1-17），这样，在调整 Z_2 脚时，棱镜面 AB 的状态可以保持不变。分光计的载物台上有刻线标志，可以帮助正确放置三棱镜。

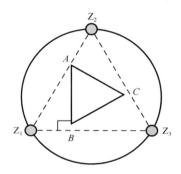

图 1-17　三棱镜放置示意图

3．调整载物台：使三棱镜待测角的棱线与转轴平行（AB 面和 AC 面都与望远镜的主光轴垂直）。注意：在调整 AC 面的俯仰时，只能调整 Z_2 脚，以保证先调好的 AB 面不变。

4．分光计的使用要则如下。

（1）分光计在使用前必须进行严格的调节。

（2）不要以为已调节好的分光计载物台是水平的，其他元件一放上去就可进行测量。实际上，在已调节好的分光计上，处于标准状态的只有望远镜和平行光管。

（3）待测元件的状态必须由望远镜进行校准，这一步是通过在载物台上恰当地放置元件和适量地调节载物台调平螺钉来实现的。

（4）在进行测量前，先检查望远镜转向的粗定位螺钉及微调螺钉（只有粗定位螺钉拧紧后，微调螺钉才起作用，微调时切忌过量），瞄准时靠微调完成。

（5）瞄准目标后，要同时读出两个游标盘的示数，将数据平均（仅平均分和秒）以减小度盘偏心造成的误差。在计算角度时，切记是否加 360° 的问题。

（6）按图 1-16 所示的两种方法测量三棱镜的顶角，计算数据精度必须达到分级。

5．观察三棱镜的色散现象。

六、实验数据记录及处理

将实验所得数据填在表 1-4 中。

表 1-4 三棱镜的角度测量实验数据记录表格

测量次数		1	2	3
方位 1	左刻度			
	右刻度			
方位 2	左刻度			
	右刻度			
夹角 θ	左刻度			
	右刻度			
	左右平均			
顶角 α 的平均值				

七、讨论思考题

1. 为什么要调整三棱镜的棱线与载物台中心轴平行？

2. 怎样才能快速调整好三棱镜的位置？

3. 光的色散是如何发生的？

光学综合实验Ⅱ

实验五　迈克耳孙干涉仪

一、实验目的

1. 了解迈克耳孙干涉仪的结构和原理。

2. 学会迈克耳孙干涉仪的调整方法并基本掌握其使用方法。

3. 观察各种干涉现象并了解它们的形成条件。

二、实验内容和要求

1. 学习迈克耳孙干涉仪的结构和原理，学会调整和使用迈克耳孙干涉仪。

2. 调出双光束等倾干涉条纹和等厚干涉条纹，观察其特点并理解其性质。

3. 利用白光等厚干涉条纹测量透明介质薄片的厚度。

三、实验设备

（1）迈克耳孙干涉仪。

迈克耳孙干涉仪的结构如图 2-1 所示，导轨（7）固定在一只稳定的底座上，由三个调平螺钉（9）支撑，调平后可以拧紧锁紧圈（10）以保持座架稳定。丝杆（6）螺距为 1mm，转动粗动手轮（2），经一对传动比大约为 2∶1 的齿轮副带动丝杆旋转，与丝杆啮合的可调螺母（4）通过防转挡块及顶块带动移动镜（11）在导轨面上滑动，实现粗动。移动距离的毫米数可在机体侧面的刻尺（5）上读得；通过读数窗口，在刻度盘（3）上读到 0.01mm，转动微动手轮（1），经 1∶100 的蜗轮副传动可实现微动，微动手轮的最小读数值为 0.0001mm。移动镜（11）和固定镜（13）的倾角可分别用镜背后的三个滚花螺钉（12）调节，各螺钉的调节范围都是有限度的。如果螺钉后向顶得过松，则在移动时，可能因振动而使镜面倾角变化；如果螺钉向前顶得太紧，则会使条纹形状不规则，因此，必须使螺钉在能对干涉条纹有影响的范围内进行调节。在固定镜（13）附近有水平微调螺钉（14）和竖直微调螺钉（15），竖直微调螺钉使镜面干涉图像上下微动，水平微调螺钉使镜面干涉图像水平移动。丝杆顶进力可通过滚花螺帽（8）来调整，仪器各部活动环节要求转动轻便，弹性元件接触力适度。

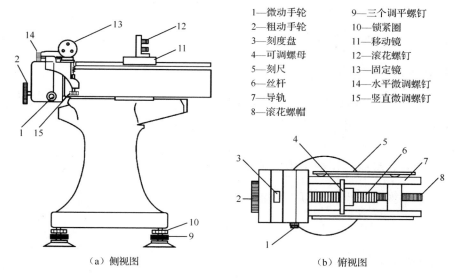

1—微动手轮	9—三个调平螺钉
2—粗动手轮	10—锁紧圈
3—刻度盘	11—移动镜
4—可调螺母	12—滚花螺钉
5—刻尺	13—固定镜
6—丝杆	14—水平微调螺钉
7—导轨	15—竖直微调螺钉
8—滚花螺帽	

（a）侧视图　　　　　　　　　（b）俯视图

图 2-1　迈克耳孙干涉仪的结构

（2）汞灯。

（3）白光光源。

四、实验原理

迈克耳孙干涉仪的光路如图 2-2 所示，从光源 S 发出的一束光射向分光板 G_1，因为分光板的后表面镀了半透膜，所以光束在半透膜上发生反射和透射，分成互相垂直的两束光。这两束光分别射向相互垂直的固定镜 M_2、移动镜 M_1，经 M_1、M_2 反射后，又汇于分光板 G_1（G_2 是补偿平板），最后光线朝着 E 的方向射出。此时，在 E 处就能观察到清晰的干涉条纹。在图 2-2 中，M_2' 是固定镜 M_2 经 G_1 半透膜表面所成的虚像。因此，在光学上，这里的干涉就相当于 M_2' 和 M_1 之间的空气板的干涉。产生干涉的两束光的光程差为

$$\Delta = 2n_0 h \cos \theta + \phi \qquad (2\text{-}1)$$

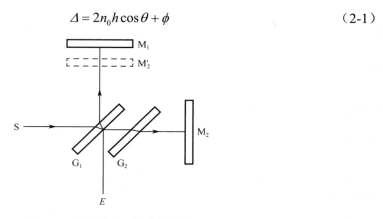

图 2-2　迈克耳孙干涉仪的光路

式中，n_0 为空气折射率，通常取 $n_0 = 1$；h 为虚平板（M_2' 和 M_1 之间的空气板）的厚度；θ 是光束入射到虚平板时的入射角；ϕ 是 G_1 的半透膜带来的附加光程差。

1. 等倾干涉

若 M_2 和 M_1 严格垂直，即 M_2' 和 M_1 互相平行，虚平板各处的厚度相同，当用发散（或会聚）光束照明干涉仪时，具有相同入射角的光形成同一级干涉条纹，称为等倾干涉。等倾条纹呈圆环状，条纹分布里疏外密。在扩展光源照明下，等倾条纹定域于无穷远处，因此，通常观察这种条纹需要采用望远镜系统。

若干涉场中的某一点满足以下关系：

$$\Delta = 2h\cos\theta + \phi = m\lambda \quad (m = 0, \pm 1, \pm 2, \cdots) \tag{2-2}$$

则该点为亮条纹中心。

若干涉场中的某一点满足以下关系：

$$\Delta = 2h\cos\theta + \phi = \left(m + \frac{1}{2}\right)\lambda \quad (m = 0, \pm 1, \pm 2, \cdots) \tag{2-3}$$

则该点为暗条纹中心。

对于等倾圆环条纹，中心处干涉级最高。当 h 增大时，圆环中心"冒出"条纹，条纹变细变密；当 h 减小时，圆环中心"收缩"条纹，条纹变粗变疏。圆环中心每冒出一个或收缩一个圆环，相当于 M_2' 和 M_1 之间的距离改变了半个波长。设 M_1 移动了 Δh，相应地冒出或收缩的圆环数目为 m，则有

$$\Delta h = \frac{1}{2} m\lambda \tag{2-4}$$

2. 等厚干涉

若 M_2 和 M_1 互相不严格垂直，即 M_2' 和 M_1 间有一楔角，这时若用平行光照明或使用孔径很小的观察系统（如人眼），使得整个视场内入射角的变化可忽略不计，则两束相干光的光程差的变化只依赖于虚平板的厚度。干涉条纹是虚平板厚度相同点的轨迹，称为等厚条纹。等厚条纹是相互平行的等间距直条纹，条纹的方向与虚平板的交棱平行。当用扩展光源照明时，若虚平板的厚度不大，则等厚条纹定位于虚平板的表面附近。观察这种条纹需要采用放大镜，也可以人眼直接观察。

3. 非定域条纹

如果光源是单色点光源，则无论是等倾干涉还是等厚干涉，条纹都是非定域的。当采用 He-Ne 激光器作为光源时，由于光源的空间相干性很好，所以可将其看作点光源。这时将一毛玻璃插在干涉仪出射光路的任何位置，均可观察到干涉条纹。

4．白光条纹

如果用白光作为光源，则只有在两束相干光的光程差为几个波长，且 M_2' 和 M_1 间有一小楔角时，才可以观察到等厚条纹，条纹的中央是直线黑纹，两旁各有十几条彩色条纹。由于白光的干涉条纹只出现在光程差为零的附近，所以常用白光的干涉条纹来确定 M_1 与 M_2 等光程的位置。

如果在 G_1 和 M_1 之间放入一透明薄片，且与 M_1 平行，薄片的折射率为 n，厚度为 d，则可证明，在光线入射角足够小的条件小，薄片的加入引起的光程差增量为

$$\partial\Delta = 2(n-1)d \qquad (2\text{-}5)$$

假定在放入薄片前，两束光的光程差接近于零，可以看到白光的等厚条纹。加入薄片后，由于两束光的光程差加大，所以白光条纹发生位移，甚至消失。这时如果将 M_1 向 G_1 方向移动，使 M_1 平移产生的光程差增量与薄片产生的光程差增量大小相等，则两束光的光程差重新取得放入薄片前的数值，于是白光的等厚条纹恢复原来的位置，设此时 M_1 的位移量为 Δh，则有

$$d = \frac{|\Delta h|}{(n-1)} \qquad (2\text{-}6)$$

五、实验步骤

1．点燃低压汞灯，沿垂直于 M_2 的方向照射分光板。

2．转动粗动手轮，移动 M_1，使干涉仪两臂调至接近相等。

3．观察等倾条纹：可把一尖状物（如小钉、大头针等均可）放在光源和分光板 G_1 之间，这时可看到尖状物的两个较亮的像（另有两个光线较弱的像）。调节 M_2 后的调节螺钉，使尖状物的两个较亮的像重合，此时，M_1 垂直于 M_2，即 M_1 平行于 M_2'，可看到干涉条纹。在扩展光源的情况下，看到的如果不是圆形条纹，就再仔细调节 M_2 的微调螺钉（垂直微调螺钉使镜面干涉图像上下微动，水平微调螺钉使干涉图像水平移动），使圆形条纹中心移至视场中心，此时，当眼睛上下移动时，各圆的大小不变，只有圆心随眼睛移动，即得到等倾条纹（见图2-3）。等倾条纹定域在无穷远处，用人眼或望远镜可观察到。

4．移动 M_1，观察条纹的变化，找到逆时针转动粗动手轮而条纹向中心收缩的位置。如果逆时针转动粗动手轮，而条纹由中心冒出，则先顺时针转动粗动手轮，此时条纹向中心收缩；继续顺时针转动粗动手轮，直至条纹由中心冒出，此时逆时针转动粗动手轮，条纹向中心收缩。

5．观察等厚条纹：逆时针转动微动手轮，继续使条纹向中心收缩，直至视场内只剩

下两三圈粗条纹；然后调节 M_2 的水平微调螺钉，使 M_1 和 M_2' 间有一个很小的夹角，此时条纹中心移出视场，可看到明暗相间的弯曲条纹；再逆时针转动微动手轮，直至视场中出现较直的干涉条纹，这就是等厚条纹。

6. 观察白光条纹：将光源换成平行的白光光源，继续逆时针转动微动手轮，直至在 E 处观察到中央为直线黑色条纹、两旁有对称分布的彩色条纹的白光条纹，如图 2-4 所示（由于是黑白印刷，所以彩色显示不出）。瞄准中央条纹，记下手轮读数 A。

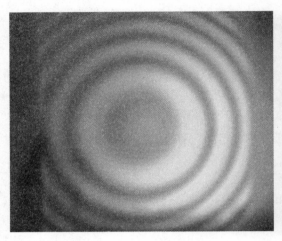 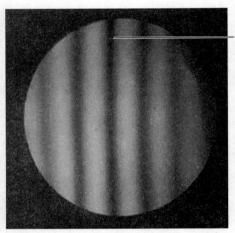

黑色
条纹

图 2-3　汞灯等倾条纹　　　　　　图 2-4　白光条纹

7. 在 M_1 和 G_1 之间放入一透明薄片，中央条纹移出视场，继续逆时针转动微动手轮，直至重新观察到中央条纹，瞄准中央条纹，记下手轮读数 A'。

8. 取出透明薄片，顺时针转动粗动手轮，使 M_1 和 G_1 之间的距离大于 A。重复步骤 5～7，测量三组数据。

六、实验数据记录及处理

将实验所得数据填在表 2-1 中。

表 2-1　迈克耳孙干涉仪测量薄片厚度实验数据记录表格

次　　数	1	2	3	平　　均
A/mm				
A'/mm				
$\Delta h = \vert A' - A \vert$/mm				
$d = \dfrac{\Delta h}{(n-1)}$/mm				

七、思考题

1. 在测量薄片厚度时，为什么用白光，而不用单色光？

2. 补偿平板 G_2 的主要作用是什么？对它有什么要求？

八、选做实验

1. 测量钠光双线波长差

钠灯光源中含有波长为 589.0nm 和 589.6nm 的两条谱线，当将它作为光源时，两条谱线形成各自的干涉条纹。由于波长不同，所以同级条纹之间在干涉场中将产生相对位移。当转动微动手轮使 M_1 反射镜移动时，干涉条纹的清晰度发生周期性变化。

在视场中心处，由于 $\theta = 0°$，$\cos\theta = 1$，所以光程差为 $\Delta = 2h$（h 为 M_1 与 M_2' 之间的距离，θ 是光束入射到虚平板时的入射角，参见图 2-2 及式（2-1），当 $\Delta = 2h = k\lambda$（$k = 0,1,2,\cdots$）时，干涉环中心是亮的；而当 $\Delta = 2h = \left(k + \dfrac{1}{2}\right)\lambda$（$k = 0,1,2,\cdots$）时，干涉环中心是暗的。移动 M_1，当 M_1 与 M_2' 之间的距离为 h_1，且 h_1 同时满足

$$2h_1 = k\lambda_1 \tag{2-7}$$

$$2h_1 = \left(k + \frac{1}{2}\right)\lambda_2 \quad (k = 0,1,2\cdots, \ \lambda_1 > \lambda_2) \tag{2-8}$$

两个条件时，因为 λ_1 和 λ_2 相差不大，λ_1 的各级暗环恰巧与 λ_2 的各级亮环重合，所以条纹的可见度几乎为零，难以分辨，继续移动 M_1，当 M_1 与 M_2' 之间的距离增大到 h_2，且满足

$$2h_2 = (k + \Delta k)\lambda_1 \tag{2-9}$$

$$2h_2 = \left[k + \frac{1}{2} + (\Delta k + 1)\right]\lambda_2 \tag{2-10}$$

两个条件时，条纹几乎消失。由式（2-9）减去式（2-7），式（2-10）减去式（2-8），当得到 M_1 与 M_2' 之间的距离增量 $\Delta h = h_2 - h_1$ 满足

$$2\Delta h = \Delta k\lambda_1 \tag{2-11}$$

$$2\Delta h = (\Delta k + 1)\lambda_2 \tag{2-12}$$

两个条件时，条纹的可见度出现上述一个周期的循环，式中 Δk 为干涉条纹级次的增加量。

由式（2-12）减去式（2-11），得

$$\Delta\lambda = \lambda_1 - \lambda_2 = \frac{\lambda_2}{\Delta k} \qquad (2\text{-}13)$$

由式（2-11）得

$$\Delta k = \frac{2\Delta h}{\lambda_1} \qquad (2\text{-}14)$$

将式（2-14）代入式（2-13），得

$$\Delta\lambda = \frac{\lambda_1\lambda_2}{2\Delta h} \approx \frac{\bar{\lambda}^2}{2\Delta h} \qquad (2\text{-}15)$$

式中，$\bar{\lambda}$ 取 λ_1、λ_2 的平均值 589.3nm；Δh 为模糊→清晰→模糊时 M_1 移动的距离，测出 Δh，即可求出 $\Delta\lambda$。

测量方法、步骤、数据处理自拟。

2．测量光波的相干长度

任何实际光源发出的光波都不是严格的单色光，其波列长度是有限的，具有一定的光谱宽度 $\Delta\lambda$。波列长度 L 与光谱宽度 $\Delta\lambda$ 存在一定的关系：

$$L = \frac{\lambda^2}{\Delta\lambda} \qquad (2\text{-}16)$$

对于光谱宽度为 $\Delta\lambda$ 的光源，能够产生干涉条纹的最大光程差为相干长度。相干长度就是波列长度，因此，要得到干涉条纹，必须使由同一个波列经干涉装置分成的两束相干光波之间的光程差小于相干长度，即

$$\Delta < L = \frac{\lambda^2}{\Delta\lambda} \qquad (2\text{-}17)$$

这表明光源的非单色性将影响光波的相干性。本实验中，通过改变迈克耳孙干涉仪中两反射镜 M_1、M_2' 的间距，即改变光程差来观察条纹可见度的变化，测得可见度从清晰到模糊或相邻两次清晰（或模糊）光程差的变化，由此可测出光源发出光波的光谱宽度 $\Delta\lambda$。已知钠光的平均波长为 589.3nm，计算相干长度 L。

要测量钠光的相干长度，可利用等厚条纹的观察方式，用等厚条纹测出钠光的相干长度。首先把干涉仪两臂调至接近相等，此时干涉条纹的对比度最佳，然后移动 M_1，直至干涉条纹由模糊变为几乎消失，这时的光程差即相干长度。钠光的相干长度在 2cm 左右。

测量方法、步骤、数据处理自拟。

实验六　法布里-珀罗干涉仪

一、实验目的

1．了解法布里-珀罗干涉仪的结构和原理。

2．学会法布里-珀罗干涉仪的调整方法并基本掌握其使用方法。

3．观察多光束等倾条纹并了解它们的形成条件。

二、实验内容和要求

1．学习法布里-珀罗干涉仪的结构和原理，学会调整和使用法布里-珀罗干涉仪。

2．调出多光束等倾条纹，观察其特点并理解其性质。

3．测量钠光的两种谱线产生的干涉条纹，计算两平板之间的间隔。

三、实验设备

（1）法布里-珀罗干涉仪。

法布里-珀罗干涉仪的结构如图 2-5 所示，仪器的调节机构和读数系统与迈克耳孙干涉仪相同。

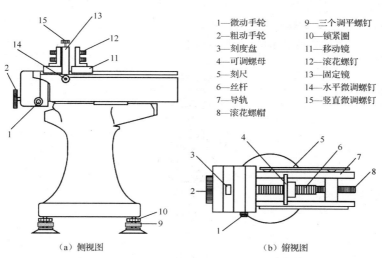

1—微动手轮　　9—三个调平螺钉
2—粗动手轮　　10—锁紧圈
3—刻度盘　　　11—移动镜
4—可调螺母　　12—滚花螺钉
5—刻尺　　　　13—固定镜
6—丝杆　　　　14—水平微调螺钉
7—导轨　　　　15—竖直微调螺钉
8—滚花螺帽

（a）侧视图　　　　（b）俯视图

图 2-5　法布里-珀罗干涉仪的结构

（2）钠灯。

（3）测量显微镜。

四、实验原理

法布里-珀罗干涉仪的光路如图 2-6 所示。它是由两块间隔为 h、互相平行的平面玻璃板（或水晶板）G_1、G_2 组成的多光束干涉仪。两块平面玻璃板相对的内表面上镀有高反射膜，以提高表面的反射率。两块平面玻璃板皆具有一小楔角，以消除未镀膜表面反射光的影响。转动粗动手轮和微动手轮，可以调节两平面玻璃板之间的距离。

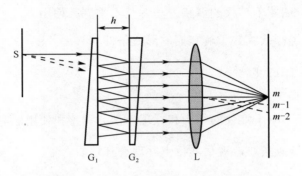

图 2-6　法布里-珀罗干涉仪的光路

单色扩展光源 S 发出的光通过 G_1 以后，在 G_1 和 G_2 之间经多次反射，并透过 G_2 构成多束互相平行的相干光波，干涉场定域在无穷远处。如果在 G_2 后面放一透镜 L，那么在透镜 L 的焦面上将形成一系列细锐的等倾亮条纹。若透镜的光轴与干涉仪的板面垂直，则在透镜焦面上形成一组同心圆环状的亮条纹。因此，法布里-珀罗干涉仪在光学上一直是一种高分辨率的光谱仪器，主要用于研究光谱线的精细结构，如对钠光的两种谱线（$\lambda_1 = 589.6\text{nm}$，$\lambda_2 = 589.0\text{nm}$）产生干涉条纹。在迈克耳孙干涉仪中，分辨不出上述两种谱线形成的两组干涉条纹；而在法布里-珀罗干涉仪中，两组干涉条纹清晰可见，如图 2-7 所示，从而可判断出钠光中确有两种谱线存在。

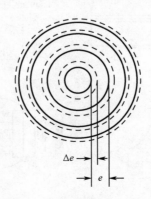

图 2-7　波长 λ_1 和 λ_2 的两组干涉条纹示意图

在图 2-7 中，Δe 是同级条纹的相对位移，e 是同组干涉条纹的条纹间距。由此可得视场中同一考察点处对应两个波长的干涉级差 Δm（这个级差用两个波长同级条纹的相对位移来度量）：

$$\Delta m = \frac{\Delta e}{e} \qquad (2\text{-}18)$$

据分析，两组干涉条纹的干涉级差与波长和两平面玻璃板的间隔 h 有如下关系：

$$\Delta m = \frac{2h(\lambda_1 - \lambda_2)}{\lambda_1 \lambda_2} \qquad (2\text{-}19)$$

由式（2-18）和式（2-19）可得到波长差，为

$$\Delta \lambda = \lambda_1 - \lambda_2 \approx \frac{\overline{\lambda}^2}{2h} \cdot \frac{\Delta e}{e} \qquad (2\text{-}20)$$

式中，$\overline{\lambda}$ 是平均波长；h 为 G_1 和 G_2 的间隔。

这样测出 e 和 Δe 之后，就可以计算出波长差。反之，若已知波长差，则根据式（2-20），也可求得间隔 h。

注意：在应用上述方法测量时，一般不应使两组干涉条纹的相对位移 Δe 大于条纹的间距 e，否则会出现不同级条纹重叠的现象。

五、实验步骤

1．点燃低压钠灯，沿垂直于 G_1 和 G_2 的方向照射 G_1 和 G_2。

2．调节 G_1、G_2 反射面互相平行。转动粗动手轮，移动 G_1，使 G_1 和 G_2 两镜面之间的距离约为 2mm。通过 G_1、G_2 看灯丝像，由于两平面玻璃板间的多次反射，所以当两反射面不平行时，会看到一系列的反射像。调节 G_2 后面的三个螺钉，使反射像重合为一个，此时两反射面基本平行，在望远镜中可看到一系列明暗相间的同心圆环。如果圆环中心不在视场中央，则可调节微调螺钉（垂直微调螺钉使镜面干涉图像上下微动，水平微调螺钉使干涉图像水平移动），使圆环中心移至视场中心，此时，当眼睛上下移动时，若各圆环的大小不变，只有圆心随眼睛的移动而移动，则 G_1、G_2 已互相平行。

3．慢慢转动微动手轮，观察钠光的两种谱线形成的两组在亮暗上稍有差别的同心圆环，如图 2-8 所示（注意观察重级现象）。

4．将两种谱线形成的干涉条纹的间隔调至适当，然后在 G_2 后面放置一透镜，将干涉条纹成像在焦面上。用测量显微镜调焦，使在视场中能看到清晰的干涉条纹，测量间隔 e 和 Δe，重复测量三次，取平均值。

图 2-8　钠光的两种谱线形成的两组等倾条纹图像

六、实验数据记录及处理

将实验所得数据填在表 2-2 中。

表 2-2　法布里-珀罗干涉仪实验数据表格

次　　数	1	2	3	平　均
$\Delta e/\text{mm}$				—
e/mm				—
$\dfrac{\Delta e}{e}$				
$h=\dfrac{\overline{\lambda}^2}{2\Delta\lambda}\cdot\dfrac{\Delta e}{e}/\text{mm}$	—	—	—	

七、思考题

1．在实验步骤 1 中，若 G_1、G_2 两反射面不平行，则会看到一系列的反射像，它们是否是相干光源？定域在何处？此时为什么看不见干涉条纹？

2．实验误差的主要来源是什么？

实验七　衍射光栅分光特性及光波波长的测定

一、实验目的

1．巩固光的干涉和衍射方面的理论知识。

2．观察透射光栅的分光现象并了解其分光特性。

3．进一步掌握分光计的调整和使用方法，学会用衍射光栅测量光波波长。

二、实验内容及要求

1．调整分光计。

2．用衍射光栅测量光栅常数和光波波长。

三、实验设备

本实验需要用到的设备有分光计、汞灯。

四、实验原理

衍射光栅是由许多平行等距的相同狭缝构成的光学元件。根据衍射理论，当单色平行光垂直地入射到光栅平面上时，光波就会发生衍射，衍射条纹的主极大位置满足以下光栅方程：

$$d\sin\theta = m\lambda \quad （m = 0, \pm 1, \pm 2, \cdots） \tag{2-21}$$

式中，θ 为衍射角；m 为衍射级；d 为光栅相邻两缝中心的距离，称为光栅常数。如果用会聚透镜把这些衍射后的平行光会聚起来，则在透镜后焦面上将出现一系列亮线，称为光谱线，如图 2-9 所示。在 $\theta = 0°$ 的方向上可观察到中央极强，称为零级谱线，其他各级次谱线对称地分布在零级谱线两侧。当用多色光照明时，由于同一级谱线不同波长的光的衍射角不同，所以不同波长的同一级主极大除零级外均不重合，即发生色散现象。因此，在透镜后焦面上将得到自零级开始左右两侧由短波向长波排列的各种颜色的谱线，称为光栅光谱线。汞灯的光谱示意图如图 2-10 所示。

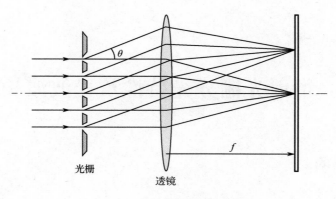

图 2-9　光栅衍射光路

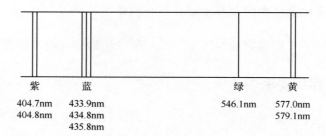

图 2-10　汞灯的光谱示意图

用分光计测量某一级已知波长的衍射角，就可求得光栅常数；测量某一级待测波长的衍射角，就可由已知的光栅常数求得该光波波长。

衍射光栅作为光谱仪器，其分光特性可用角色散、色散范围和分辨本领来表示。

1．角色散 *D*

角色散 *D* 是波长相差 0.1nm 的两条光谱线之间的角距离，即同一级两谱线衍射角之差 $\Delta\theta$ 与它们的波长差 $\Delta\lambda$ 之比：

$$D = \frac{\Delta\theta}{\Delta\lambda} = \frac{m}{d\cos\theta} \qquad （2\text{-}22）$$

由式（2-22）可知，光栅常数 *d* 越小，即单位长度内光栅刻痕越多，角色散越大；高衍射级数的光谱比低衍射级数的光谱有较大的角色散。

2．色散范围 *G*

通常把不发生各级次光谱重叠的最大光谱范围称为色散范围，即

$$G = \Delta\lambda = \frac{\lambda}{m} \qquad （2\text{-}23）$$

由式（2-23）可知，色散范围随衍射级 *m* 的升高而减小。

3. 分辨本领 R

分辨本领 R 用公式表示为

$$R = \frac{\overline{\lambda}}{\Delta\lambda}mN \qquad (2\text{-}24)$$

式中，$\Delta\lambda$ 是两条刚可被分开的谱线的波长差；$\overline{\lambda}$ 是两条谱线的平均波长；N 是光栅的总刻痕数。

光栅在使用面积一定时，总的刻痕数越多，分辨本领越高；对具有一定光栅常数的光栅，有效使用面积越大，分辨本领越高；高级次的光谱比低级次的光谱有较高的分辨本领。

为提高光栅的分辨本领，可使入射光线斜入射到光栅平面上，以提高干涉级次 m。设入射角为 i，则主极大值的条件应满足

$$d(\sin i \,\pm\, \sin\theta) = m\lambda \qquad (\ m = 0, \pm1, \pm2, \cdots) \qquad (2\text{-}25)$$

在式（2-25）中，当 i 与 θ 在光栅表面法线的两侧时，括号中取负号；当在同侧时，取正号。

五、实验步骤

1. 调整分光计（详见实验四中分光计的调整部分）。

2. 测量衍射角。

（1）转动望远镜，观察水银光谱的分布和不同级次光谱的区别。

（2）转动望远镜，依次测出 ±1 级绿光谱线和两条黄光谱线的衍射角位置。

望远镜的每一个指向都由度盘和游标盘示出，最小读值为 1'。度盘和游标盘如图 2-11 所示。

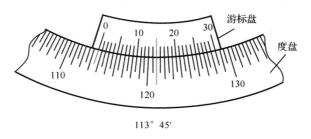

图 2-11　度盘和游标盘

分光计的度盘除标出 $30°\sim360°$ 的整度数位置外，还标有 $0.5°$ 的位置；游标盘标有 $0'\sim30'$，其读数方法同游标卡尺的读数方法。当游标盘的零刻线跨过度盘上的 $0.5°$ 线时，度盘上应读 $\times\times°30'$，然后加游标盘上的读数。例如，在图 2-11 中，就是 $113°30'+15'=113°45'$。

由于衍射光谱相对于中间零级主极大是对称的，所以为了提高测量精度，在测量 m 级光谱时，应测出它的 $+m$ 级和 $-m$ 级的光谱位置，两位置之差为 $2\theta_m$。

仪器在制造时会产生度盘转轴偏心误差，为了消除这一系统误差，提高测量精度，仪器在 $180°$ 方向上具有左右两个读数窗，读数时，可用下式取其平均值：

$$\theta = \frac{1}{2}[(\theta_{1左} - \theta_{2左}) + (\theta_{1右} - \theta_{2右})] \tag{2-26}$$

式中，θ 为望远镜实际转动角度值；$\theta_{1左}$、$\theta_{1右}$ 为左、右窗口第一次读数值（角度起始值）；$\theta_{2左}$、$\theta_{2右}$ 为左、右窗口第二次读数值（角度终边值）。

由式（2-26）得出的 θ 即无偏心误差角度。

3．根据绿光谱线的衍射角及式（2-21）计算光栅常数 d。

4．根据已计算出的光栅常数、两条黄光谱线的衍射角计算两条黄光谱线的波长。

5．计算两条黄光谱线处的角色散。

六、实验数据记录及处理

1．测量光栅常数

将实验所得的数据填在表 2-3 中。

表 2-3　测量光栅常数实验数据表格

波长	级数	衍射角位置读数			角度 $2\theta_m$	无偏心误差角度 $2\theta_m$	衍射角 θ_m	光栅常数 d
		游标盘	+1	-1				
546.1nm	1	左						
		右						

2．测量光波波长

将实验所得的数据填在表 2-4 中。

表 2-4　测量光波波长实验数据表格

光栅常数 d	级数	衍射角位置读数			角度 $2\theta_m$	无偏心误差角度 $2\theta_m$	衍射角 θ_m	光栅常数 d
		游标盘	+1	-1				
	1	左						
		右						
	1	左						
		右						

3．计算两条黄光谱线处的角色散。

七、思考题

1．为什么斜入射可以提高分辨本领？讨论色散范围的意义。

2．若保持光栅常数不变，使光栅受照的线度加宽，那么衍射现象有哪些变化？

3．若已知平面光栅刻面宽度大于入射光束孔径，则当计算出第 m 级角色散值后，光栅分辨本领是多少？

实验八　夫琅禾费衍射光强分布的测定

一、实验目的

1. 观察单缝夫琅禾费衍射现象并加强对夫琅禾费衍射理论的理解。

2. 掌握单缝夫琅禾费衍射图样的特点及规律。

3. 掌握光强分布测试仪及数字检流计的使用方法。

二、实验内容及要求

1. 搭建单缝夫琅禾费衍射光路。

2. 学习光强分布测试仪的使用方法。

3. 观察单缝夫琅禾费衍射现象，用光强分布测试仪测量单缝夫琅禾费衍射的相对光强分布，并用测量数据拟合光强分布曲线。

三、实验设备

本实验采用光强分布测试仪测量夫琅禾费单缝衍射的光强分布。光强分布测试仪由激光器、单缝板及二维调整架、小孔屏、光电探头及水平移动架、数字检流计、导轨等组成，如图 2-12 所示。

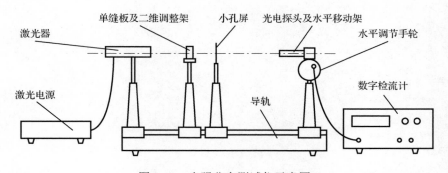

图 2-12　光强分布测试仪示意图

四、实验原理

光的衍射现象是光的波动性的重要表现。要实现夫琅禾费衍射，必须保证光源至单缝的距离和单缝到衍射屏的距离均为无限远（或相当于无限远），即要求照射到单缝上的入射光、衍射光都为平行光。

激光器发出相当于平行单色光的光束，垂直照射到宽度为 a 的单缝上，经透镜在其焦平面处的衍射屏上形成夫琅禾费单缝衍射图样，如图 2-13 所示。平行于光轴的光束会聚于衍射屏的 O 点，这是中央直条纹的中心，其光强为 I_0；与光轴成 φ 角的衍射光会聚于衍射屏的 P 点。根据惠更斯–菲涅耳原理，可导出 P 处的光强：

$$I = I_0 \left(\frac{\sin u}{u} \right)^2 \tag{2-27}$$

$$u = \frac{\pi a \sin \varphi}{\lambda} \tag{2-28}$$

式中，I_0 是透镜的光轴与衍射屏的交点 O 处的光强；a 是单缝宽度；λ 是单色光波长；φ 是衍射光束与光轴的夹角；u 是狭缝两边缘上的波阵面在 P 点的相位差的一半。

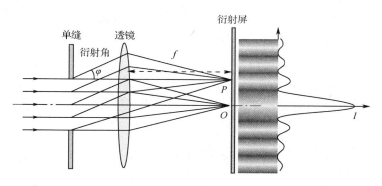

图 2-13　夫琅禾费单缝衍射光路图

由式（2-27）和式（2-28）可知，当 $u = 0$，即 $\varphi = 0$ 时，光强有最大值 I_0，称中央主极大，I_0 正比于单缝宽度的平方。

当 $u = k\pi (k = \pm 1, \pm 2, \pm 3, \cdots)$，即 $a \sin \varphi = k\lambda$ 时，$I = 0$ 是极小值。其中，第一个光强为零的坐标点对应的 φ 角为

$$\varphi = \arcsin \left(\frac{\lambda}{a} \right) \approx \frac{\lambda}{a} \tag{2-29}$$

它决定了中央亮条纹的角宽度。

除中央主极大值之外，两相邻最小光强之间有一个极大值，计算表明，它们的位置

在 $u = \pm 1.43\pi, \pm 2.46\pi, \pm 3.47\pi, \cdots$ 处。这些次极大值相对于主极大值的相对光强度依次为 $\frac{I}{I_0} = 0.047, 0.017, 0.008, \cdots$。夫琅禾费单缝衍射光强分布曲线如图 2-14 所示。

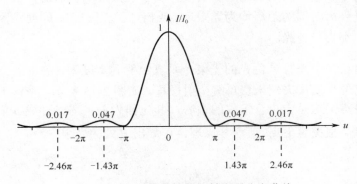

图 2-14　夫琅禾费单缝衍射光强分布曲线

在实验中，夫琅禾费衍射并不一定要严格的平行光，一定条件下的近似平行光也能产生夫琅禾费衍射，这些条件如下。

（1）光源离单缝足够远，即投射到单缝上的光发散角 α 很小。如图 2-15 所示，单缝 AB 的宽度为 a，中心为点 O，光源 S 到单缝的距离为 R，单缝到衍射屏的距离为 Z。这时到达单缝的中心点与到达单缝边缘一点 B 的两路光的光程差即 SO 与 SB 之差 Δ_1，它很小，满足 $\Delta_1 \ll \lambda$。从图 2-15 中可以得

$$\Delta_1 = SB - R = \sqrt{\left(\frac{a}{2}\right)^2 + R^2} - R = R\sqrt{1 + \frac{\left(\frac{a}{2}\right)^2}{R^2}} - R \approx \frac{\left(\frac{a}{2}\right)^2}{2R} = \frac{a^2}{8R} \ll \lambda$$

从而推出 $R \gg \dfrac{a^2}{8\lambda}$，当满足此条件时，入射光可以看作平行光。

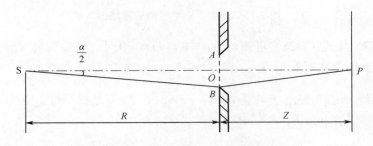

图 2-15　夫琅禾费单缝衍射简化装置示意图

（2）衍射屏离单缝足够远，使得单缝上的 A、O、B 各点发出的次波到达 P 点时具有相同的相位或相位差可忽略，即要求 BP 与 OP 之差 $\Delta_2 \ll \lambda$，同理，由此推得应当满

足的条件为 $Z \gg \dfrac{a^2}{8\lambda}$。

$R \gg \dfrac{a^2}{8\lambda}$ 和 $Z \gg \dfrac{a^2}{8\lambda}$ 叫作夫琅禾费衍射的远场条件。本实验采用的光源是波长为 632.8nm 的激光器，单缝宽度 $a = 0.1\text{mm}$，$\dfrac{a^2}{8\lambda} \approx 2\text{mm}$，只要取 $Z > 20\text{cm}$ 就可以满足远场条件。

五、实验步骤

1. 搭好实验装置，并接好电源；打开激光电源及数字检流计，预热 15min。

2. 用小孔屏调整光路，使出射的激光束与导轨平行。

3. 将数字检流计调零，并用测量线连接其输入孔与光电探头。

4. 调节二维调整架，选择所需的单缝，对准激光束中心，使之在小孔屏上形成良好的衍射光斑。

5. 移去小孔屏，调节光电探头调整架，使光电探头中心与激光束高低一致，移动方向与激光束垂直，起始位置适当。

6. 缓慢转动手轮，使光电探头沿衍射图样展开方向（x 轴）单向平移，同时注意观察数字检流计的示数，找到主极大位置，此处记为 $x = 0\text{mm}$。

7. 从主极大（$x = 0\text{mm}$）位置开始转动手轮，使光电探头沿衍射图样展开方向（x 轴）单向平移，以等间隔的位移（如 0.5mm 或 1mm 等）对衍射图样的光强进行逐点测量，记录位置 x 和对应的数字检流计（置适当量程）指示的光电流值读数（由于单缝衍射图样是以主极大为中心对称分布的，所以只测一个方向即可）。

六、实验数据记录及处理

1. 记录实验数据

将实验所得数据填在表 2-5 中。

表 2-5　夫琅禾费单缝衍射光强分布测量数据表格

x/mm													
I/____													
x/mm													
I/____													

2. 绘制衍射光的相对强度 I/I_0 与位置坐标 x 的关系曲线。

七、选做实验

选做实验为利用双棱镜干涉法测 He-Ne 激光波长。

请利用双棱镜产生双光束进行干涉，并测量 He-Ne 激光的波长。（注意：实验中不要长时间直视激光以免损伤眼睛。）

实验设备：光具座、He-Ne 激光器、双棱镜、扩束透镜及镜架、成像透镜（焦距已知或预先用焦距仪测得）及镜架、测微透视观察屏（或测微光电探测器）、卷尺（可不用）等。

设计要求：阐述双棱镜干涉的基本原理及实验规律；规划应用干涉法测激光波长的重要实验过程及必须注意的事项；设计实验数据的记录与处理表格（测量三次）。

报告要求：简要的实验过程；完整的数据处理；必要的现象分析。

实验九　偏振光的研究

一、实验目的

1．加深对光的偏振理论的理解。

2．学会鉴别圆偏振光、椭圆偏振光、线偏振光和部分偏振光。

3．验证马吕斯定律，测量布儒斯特角。

二、实验内容及要求

1．观察线偏振光，验证马吕斯定律。

2．测量布儒斯特角。

3．掌握椭圆偏振光的产生与检验方法。

三、实验设备

本实验用到的实验设备是如图 2-16 所示的偏振光实验仪。偏振光实验仪由半导体激光器、起偏器（检偏器）、1/4 波片、1/2 波片、测角转台、玻璃堆、白屏、光电探测器、检流计、导轨等组成。

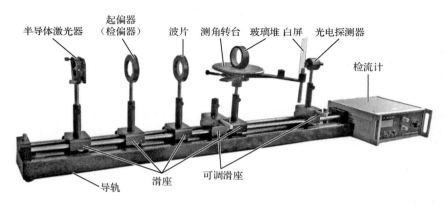

图 2-16　偏振光实验仪实物图

光源是波长为 650nm 的半导体激光器，功率约为 5mW，该半导体激光器发出的光是部分偏振光，其波长及强度随温度的变化会有所改变。半导体激光器安装在二维调整架上，激光束的方向可通过调整半导体激光器支杆进行粗调，而二维调整架背部的两个微调螺钉则可以对光束进行左右和俯仰微调。起偏器（检偏器）为格兰偏振棱镜，装在镜座内，镜座安装在刻有格值为 1°、刻度 360°的转盘内。1/2 波片和 1/4 波片同样装在格值为 1°、刻度 360°的转盘内。测角转台的主体是一个直径为 145mm 的载物平台，平台外圈是最小格值为 1°、刻度 360°的分度盘。另外，测角转台还带有一个支臂，可以用来放置白屏或光电探测器。光电探测器的探测元件是硅光电池，探测器前端有遮光孔（ϕ8mm）。光电探测器将接收的光信号转换成电流信号，并通过连接线输入检流计，检流计具有四挡可调量程，测量范围为 0～2mA，精度为 $10^{-3}\,\mu A$。

四、实验原理

光波是处于一定频域的电磁波。电磁波是横波，其振动方向和传播方向相互垂直。在垂直于光传播方向的平面内，光矢量可能有各种不同的振动状态，根据振动状态的不同，大体上可分为五种：自然光、部分偏振光、线偏振光、椭圆偏振光和圆偏振光。如果电矢量的振动只限于某一确定方向的光，则称为平面偏振光或线偏振光；如果电矢量随时间做有规则的改变，其末端在垂直于传播方向的平面上的轨迹呈椭圆或圆，那么这样的光称为椭圆偏振光或圆偏振光；如果电矢量的取向与大小都随时间做无规则变化，各方向的取向概率相同，且各取向上电矢量的时间平均值相等，则称为自然光；如果电矢量在某一确定的方向上最强，且各方向的电振动无固定的相位关系，则称为部分偏振光。

1．获得线偏振光的方法

（1）非金属镜面（如玻璃、水等）的反射。

当自然光从空气入射到折射率为 n 的非金属镜面上时，如果入射角 $\theta = \arctan n$，则镜面反射光为线偏振光，其振动面垂直于入射面，这时的 θ 角称为布儒斯特角，也称全偏振角（同样，由菲涅耳公式的讨论可知，当振动面平行于入射面的线偏振光以布儒斯特角入射时，没有反射光）。

（2）多层玻璃片的折射。

当自然光以布儒斯特角入射到叠在一起的多层平行玻璃片上时，经多次反射后，透过的光就近似于线偏振光，其振动面平行于入射面。

（3）用偏振片可得到一定程度的线偏振光。

（4）晶体双折射产生的寻常光（o 光）和非常光（e 光）是振动方向相互垂直的线偏振光。

2．偏振片、波片及其作用

偏振片利用某些有机化合物晶体的二向色性，将其渗入透明塑料薄膜中，经定向拉制而成。它能吸收某一方向振动的光，而透过与此垂直方向振动的光。偏振片由于在应用时的作用不同而叫法不同，用来产生偏振光的偏振片叫作起偏器，用来检验偏振光的偏振片叫检偏器。

按照马吕斯定律，强度为I_0的线偏振光通过检偏器后，透射光强度为

$$I = I_0 \cos^2\theta \qquad (2\text{-}30)$$

式中，θ为入射偏振光的偏振方向与检偏器偏振化方向之间的夹角，当以光线传播方向为轴转动检偏器时，透射光强度I发生周期性变化。当$\theta = 0°$时，透射光强度最大；当$\theta = 90°$时，透射光强度为极小值（消光状态）；当$0° < \theta < 90°$时，透射光强度介于最大和最小之间。

自然光通过起偏器后可变为线偏振光，且线偏振光的振动方向与起偏器的透光轴方向一致。因此，如果检偏器的透光轴与起偏器的透光轴平行，则在检偏器后面可以看到一定的光强；如果二者垂直，则无光透过。

波片也称相位延迟片，是由晶体制成的厚度均匀的薄片，其光轴与薄片表面平行，能使晶体内的 o 光和 e 光通过晶片后产生附加相位差。

当线偏振光垂直入射到表面平行于光轴的晶片时，o 光与 e 光的传播方向是一致的，但是这两束振动面互相垂直的光在晶体中的传播速度不同，因而会产生相位差。这样，经晶片射出后，o 光和 e 光之间的相位差有如下关系：

$$\delta = \frac{2\pi d}{\lambda}(n_o - n_e) \qquad (2\text{-}31)$$

式中，n_o为 o 光的折射率；n_e为 e 光的折射率；d为晶片厚度。

根据垂直振动合成的讨论可以知道，这样两束光矢量互相垂直且有一定相位差的线偏振光叠加的结果一般为椭圆偏振光，椭圆的形状、方位、旋转方向随相位差δ而改变。

将某一波长为λ的单色光产生相位差为$\delta = (2k+1)\pi$（$k = 0, \pm1, \pm2, \cdots$）（相当于光程差为$\lambda/2$的奇数倍）的晶片叫作该波长的$\frac{1}{2}$波片，将产生相位差为$\delta = (2k+1)\frac{\pi}{2}$（相当于光程差为$\lambda/4$的奇数倍）的晶片叫作$\frac{1}{4}$波片。

当线偏振光入射到$\frac{1}{2}$波片上时，如果原来光的振动方向与波片光轴成θ角，则通过$\frac{1}{2}$波片后，其振动面转了2θ角，仍是线偏振光。

当线偏振光入射到 $\frac{1}{4}$ 波片上时,通过波片的光一般为椭圆偏振光,但在 $\theta = 0$ 和 $\theta = \frac{\pi}{2}$ 时得到线偏振光,在 $\theta = \frac{\pi}{4}$ 时得到圆偏振光。

3. 各种偏振光的鉴别方法

（1）线偏振光。

当强度为 I_0 的线偏振光入射到检偏器上时,若入射线偏振光的偏振方向与检偏器偏振化方向之间的夹角为 θ,则由马吕斯定律可知,透射光强度为 $I = I_0 \cos^2 \theta$,当旋转检偏器一周时,分别出现两次光强度最大和两次消光（光强为零）的情况。

（2）圆偏振光。

让圆偏振光入射到检偏器上,把检偏器旋转一周,透射光强度将无变化,这种现象与自然光经过检偏器的现象相同,因此,还得考虑用其化器件,只有这样才能把圆偏振光和自然光区别开来。若让圆偏振光先通过一个 1/4 波片,则出现的是线偏振光,再旋转检偏器,可观察到两次消光现象。

（3）自然光。

在检偏器前加一个 1/4 波片,自然光通过 1/4 波片后还是自然光,若旋转检偏器,透射光强度仍然没有变化,则由此可以把自然光和圆偏振光区别开来。

（4）椭圆偏振光。

椭圆偏振光通过旋转的检偏器,将出现两次光强度极小（不是消光状态）的现象,当光强度极小时,检偏器的偏振方向（透射方向）就是椭圆的短轴方向。实验中,先让椭圆偏振光通过 1/4 波片,并使 1/4 波片的光轴处于偏振光短轴的方位,此时从 1/4 波片出射的将是振动方向与椭圆长、短轴组成的矩形对角线方向相重合的线偏振光;再把检偏器旋转一周,将会出现两次消光现象。

（5）部分偏振光（自然光加椭圆偏振光）。

先旋转检偏器,找到光强度最小的方位;再把 1/4 波片置于检偏器前,并使 1/4 波片的光轴平行于光强度最小的方位,旋转检偏器,出射光将会出现两次变暗的现象,但变暗方位与未插入 1/4 波片的变暗方位不同。

4. 椭圆偏振光的测量

椭圆偏振光的测量内容包括长、短轴之比及长、短轴方位的测定,如图 2-17 所示,当检偏器偏振方位与椭圆长轴的夹角为 φ 时,透射光强度为

$$I = A_1^2 \cos^2 \varphi + A_2^2 \sin^2 \varphi \tag{2-32}$$

当 $\varphi = k\pi$（$k = 0, \pm 1, \pm 2, \cdots$）时，$I = I_{\max} = A_1^2$；当 $\varphi = (2k+1)\dfrac{\pi}{2}$ 时，$I = I_{\min} = A_2^2$，由此可得椭圆长、短轴之比为

$$\frac{A_1}{A_2} = \sqrt{\frac{I_{\max}}{I_{\min}}} \tag{2-33}$$

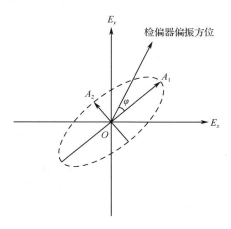

图 2-17　椭圆偏振光的测量原理图

五、实验步骤

1．观察线偏振光，验证马吕斯定律

（1）验证马吕斯定律实验光路图如图 2-18 所示，在半导体激光器和光电探测器之间插入起偏器和检偏器，并调好光路准直。

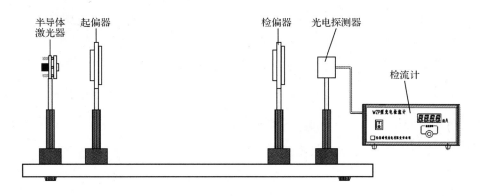

图 2-18　验证马吕斯定律实验光路图

（2）将起偏器的方向固定，使检偏器旋转 360°，观察有几个消光的方位。

（3）从消光位置起，旋转检偏器，每隔 10° 记录一次相应的光强度值，直至再次出

现消光位置。

（4）由马吕斯定律（$I = I_0 \cos^2\theta$）可知，起偏器和检偏器之间的夹角 $\theta = 60°$ 时的透射光强度 $I(60°)$ 与 $\theta = 0°$ 时的透射光强度 $I(0°)$ 之间有 $\dfrac{I(0°)}{I(60°)} = 4$ 的关系，实验时应注意这一点。

2. 测定布儒斯特角

（1）布儒斯特角测量实验光路图如图 2-19 所示，在导轨上依次安放好半导体激光器、起偏器、测角转台，将样品放置在测角转台的载物平台上，将白屏和光电探测器安装在测角转台的支臂上，打开半导体激光器电源，将光电探测器的输出信号连接到检流计上。

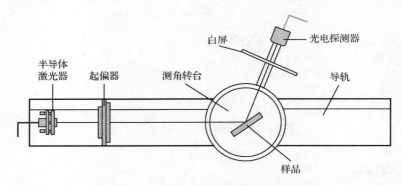

图 2-19　布儒斯特角测量实验光路图

（2）根据布儒斯特定律，只有当入射光为 p 分量时，才能得到反射率为零的布儒斯特角。因此，先确定起偏器的方位，在此方位时，使入射到样品表面的入射光（起偏后的偏振光）的偏振方向恰好为 p 分量。

① 当起偏器在某一方位时，旋转载物平台，使样品面反射光的反射角在 $50° \sim 60°$ 之间变化。仔细观察白屏上反射点光强的变化，选择反射点最暗的某一位置，进行下一步操作。

② 旋转起偏器，观察白屏上反射光点的亮暗变化，找到一个光点最暗的起偏器方位。

③ 依次重复①和②，直到反射光强度趋近于零，此时起偏器的方位角恰好使出射平面偏振光与入射平面相重合，即 p 分量。

（3）测定样品对 p 分量反射光的反射率随入射角变化的曲线。

① 撤去测角转台支臂上的白屏，让支臂上的光电探测器接收反射光。

② 在载物平台上仔细放置样品，使得样品反射面垂直于载物平台上 $0°$ 与 $180°$ 的连线。

③ 松开测角转台下面支杆的锁紧螺钉，直接用转动支杆的方式旋转载物平台，从而

调整样品的方位，使样品反射面基本垂直于入射光，观察样品面反射光，使样品面反射光位于起偏器的中心；再锁紧测角转台支杆的锁紧螺钉，此时，载物平台上的 0°刻度线方向正好就是入射光方向。

④ 旋转载物平台，改变入射光的入射角，同时旋转支臂，使得光电探测器能接收反射光，并测量反射光的强度。当入射角小于 50°和大于 60°时，可以每隔 5°～10°测量一次；当入射角为 50°～60°时，每隔 1°测量一次，直至入射角改变到 85°。

3．椭圆偏振光的产生与检验

（1）如图 2-18 所示，在半导体激光器到光电探测器的光路中插入起偏器和检偏器。先将检偏器转盘旋转至 0°，再旋转起偏器以使系统处于消光状态。

（2）在起偏器与检偏器之间插入 1/4 波片，旋转 1/4 波片，再次使系统处于消光状态。

（3）从消光位置起，旋转 1/4 波片，每隔 15°将检偏器旋转 360°，并每隔 30°记录一次相应的透射光强度。

六、实验数据记录及处理

1．验证马吕斯定律

（1）记录测量数据并根据测量数据计算相关参数，完成表 2-6。

表 2-6　验证马吕斯定律实验数据表格

起偏器度盘示值_____

检偏器度盘示值								
起偏器和检偏器振动方位的夹角 θ								
检流计读数								
$\cos^2\theta$								

（2）根据实验数据，以 I 为纵坐标、$\cos^2\theta$ 为横坐标作图。

2．测量布儒斯特角

（1）记录测量数据，并填在表 2-7 中。

表 2-7　测量布儒斯特角实验数据表格

入射角	检流计测得的反射光电流

（2）以检流计测得的反射光电流为纵坐标、入射角为横坐标作图，根据实验数据和曲线估计出样品的布儒斯特角，并计算样品的折射率。

3．椭圆偏振光的产生与检验

（1）记录测量数据，并填在表 2-8 中。

表 2-8　椭圆偏振光的产生与检验

1/4 波片转动角度	检偏器转动角度												偏振状态
	30°	60°	90°	120°	150°	180°	210°	240°	270°	300°	330°	360°	
15°													
30°													
45°													
60°													
75°													
90°													

（2）计算当 1/4 波片光轴与起偏器光轴成 15°角时，椭圆的长、短轴之比。

七、思考题

1. 在测量布儒斯特角时，为什么要同时转动起偏器？

2. 试给出一种实验方法以确定无标记偏振器的透射轴。

实验十　超声光栅测液体中的声速

一、实验目的

1．了解超声光栅。

2．掌握利用超声光栅测量液体中声速的原理和方法。

二、实验内容及要求

1．观察光波在介质中被超声波衍射的现象。

2．测量超声波在液体中的传播速度。

三、实验设备

本实验用到的实验设备是如图 2-20 所示的超声光栅声速仪。

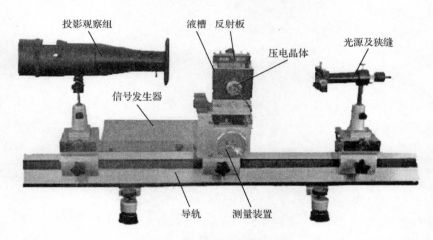

图 2-20　超声光栅声速仪

超声光栅声速仪主要由五部分组成。

（1）液槽。液槽前后两个面是透明的玻璃材料，液槽一侧面装有产生超声振动的压电晶体，正对着晶体有可调反射板。

（2）激励压电晶体产生超声的稳频超声波信号发生器，输出信号频率为1710kHz。

（3）能够把液槽沿声波传播方向平移的测量装置。

（4）具有可调狭缝的线光源。

（5）显示观察条纹用的投影观察组，其内部装有刻有"十"字形分划的光屏和放大镜。

四、实验原理

超声波作为一种纵波在液体中传播时，其声压使液体分子产生周期性变化，促使液体的折射率也相应地做周期性变化，液体内相距为超声波波长的两点的密度相等，折射率也相同，形成疏密波。当一平面光波以垂直于超声波传播方向透过该液体时，光的平面波面的不同部位经历不同的光程，使出射光的波阵面变得褶皱，其相位和振幅（光强度）都按一定规律发生周期性变化。在光学上，任何装置只要能给入射光的相位、振幅或两者同时加上一个周期性空间调制，就都可以称为光栅。载有超声波的液体具有上述作用，因此称为超声光栅，其光栅常数等于超声波波长。超声光栅是声光结合的结果，比一般光栅复杂得多，但是考虑到光在液体中的传播速度（水中：2.25×10^8 m/s）远大于超声波在液体中的传播速度（约为10^3 m/s），因此，可以认为光在通过液体的一段时间内，其光栅结构不随时间改变。因此，超声光栅与一维光栅有着相似的作用，其光栅常数越小（超声波频率很高），衍射效果就越明显。当超声波频率比较低（如在2MHz左右）时，光的衍射效果可忽略，光线可以理解为按直线传播，此时光屏上显示的是超声光栅的自身影像，即超声驻波像。

利用超声光栅测量液体声速的方法是在超声波频率 f 已知的条件下测量声波波长 λ，然后利用关系式 $v = f\lambda$ 计算声速值，式中 v 是声速。测定声波长可以采用两种方法：一种方法是利用较高频率（10MHz以上）的超声驻波形成衍射效果明显的光栅来测定光栅常数，即声波波长；另一种方法是利用频率较低的超声波建立驻波，然后利用驻波自身影像测定声波波长。本实验所用超声光栅声速仪就是利用频率为1.71MHz的超声驻波自身影像来测定声波波长的。

当装在液槽一侧的压电晶体被信号发生器激励产生超声振动时，适当调节反射板，使槽内形成驻波，这时如果用具有一定扩散角度的线光源垂直于声波传播方向照射液槽，那么在液槽后面的专用光屏上就可以观察到光线被超声驻波调制而产生的明暗相间的条纹，这是超声波的自身放大像，即超声光栅的自身影像。这里利用扩散线光源的目的主要是获得放大了的驻波像，专用光屏实际上是用了在暗筒内安装了成像用的带有"十"字形分划的光屏和放大镜。通过窗口，能够观察到放大了的明暗相间的条纹。

在利用超声驻波自身影像测定声波波长时，由于使用了发散光束，在光屏上得到的明暗相间条纹是放大了的驻波像，因此，光屏上的条纹间距不等于声波波长。为了测量待测液体的声波波长，必须在声波传播方向上利用测量装置移动液槽，使光屏上的驻波放大像也随着移动，利用光屏上的"十"字标记，记录移过标记的条纹数，如果液槽的移动距离为 Y（利用测量装置测定），移过标记的条纹数为 n，则待测液体的声波波长为 $\lambda = 2Y/n$。

在利用该方法测量声速时，因为驻波结构是比较稳定的，所以在整个测量过程中，不容易受其他干扰，而且消除了引起系统误差的各种可能性。

五、实验步骤

1. 调节驻波液槽内的反射板，使压电晶体面与反射板等高平行，其间距约为 5cm，然后装入待测液体。

2. 把液槽放在测量装置上，使超声波传播方向和测量装置的移动方向一致。

3. 依次调整光源、液槽、光屏，使其等高、同轴，并使光束的照射方向和液槽内声波的传播方向严格垂直（光源及狭缝与液槽的距离约为 35mm，液槽与专用光屏前端的距离约为 10mm）。

4. 连接光源与 6.3V 变压器，连接超声波信号发生器的输出端与超声波液槽信号输入插头，接通电源，使光源系统和超声波信号发生器开始工作。调节光屏的位置，使透过超声波液槽的扩散光束处于光屏中心。

5. 认真调节反射板，调节狭缝的方向、宽度（0~0.5mm）、高度及其与灯丝的距离。要求灯丝、狭缝的方向与声波波阵面严格一致，这时，再调节狭缝宽度和光屏放大镜，使在光屏上能够观察到清晰的条纹。

6. 测量时，测量者先决定液槽的移动方向，然后按测量方向移动测量装置，一边移动液槽，一边记录移过"十"字标记的条纹数。设移动距离为 Y，移过"十"字标记的条纹数为 n（一般 n 为 20~50 条），则待测液体的声波波长为 $\lambda = 2Y/n$，待测液体的声速为 $v = 2fY/n$。

六、实验数据记录及处理

超声光栅测液体中的声速实测实例如表 2-9 所示。将本次实验所得数据填在表 2-10 中。

表 2-9　超声光栅测液体中的声速实测实例

待测液体：水　　　　　　　　　　　温度：15.4℃　　　　　　　　　　测量条纹数：$n=40$ 条

条纹 Y_i	条纹读数/mm	条纹 Y_{i+40}	条纹读数/mm	测量距离 $Y = (Y_i - Y_{i+40})$ /mm	波长/mm
1	0.45	41	17.58	17.13	0.8565
2	0.86	42	18.01	17.15	0.8575

条纹 Y_i	条纹读数/mm	条纹 Y_{i+40}	条纹读数/mm	测量距离 $Y = (Y_i - Y_{i+40})$ /mm	波长/mm
3	1.28	43	18.45	17.17	0.8585
4	1.71	44	18.86	17.15	0.8575
5	2.16	45	19.29	17.13	0.8565
6	2.59	46	19.74	17.15	0.8575
7	3.02	47	20.17	17.15	0.8575
8	3.43	48	20.61	17.18	0.8576
平均波长/mm					0.8576
声速/（m/s）					1466.5

表 2-10　超声光栅测液体中的声速实验数据表

待测液体：＿＿＿＿　　　　　　温度：＿＿＿＿　　　　　　测量条纹数：n=＿＿＿

条纹 Y_i	条纹读数/mm	条纹 Y_{i+n}	条纹读数/mm	测量距离 $Y = (Y_i - Y_{i+n})$ /mm	波长/mm
1					
2					
3					
4					
5					
6					
7					
8					
平均波长/mm					
声速/（m/s）					

光学综合实验Ⅲ

实验十一　平行光管的调校

一、实验目的

1. 了解自准直法、五棱镜法调校平行光管的原理并掌握其调校方法。

2. 分析两种方法的调校误差，并总结各自的特点。

二、实验内容及要求

1. 把待校平行光管的分划板调焦到其物镜的焦面上。

2. 把分划板中心调整到平行光管光轴上。

三、实验设备

本实验要用到的实验设备有焦距为 550mm 的待校平行光管（其结构如图 3-1 所示）、十字分划板、高斯自准直目镜、可调标准平面反射镜、五棱镜及承物台、适当倍率的前置镜。

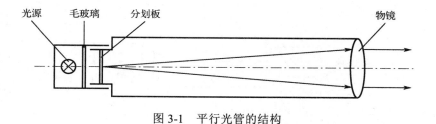

光源　毛玻璃　分划板　　　　　　　　　　　　物镜

图 3-1　平行光管的结构

四、实验原理

1. 自准直法调校平行光管的原理

自准直法调校平行光管的原理如图 3-2 所示。若忽略平行光管物镜的像差和光的波动性影响，则当分划面位于平行光管物镜焦平面处时，由可调标准平面反射镜反射回来的自准分划像与分划均重合于物镜焦面处。若分划面离开物镜焦平面一小段距离（离焦量）x，则由可调标准平面反射镜反射回来的自准分划像将位于平行光管物镜焦面的另一侧，并且分划像与焦面的距离 d 近似等于 x，即分划像至分划的距离是离焦量的 2 倍。因此，利用自准直法可使调焦精度提高为原来的 2 倍。

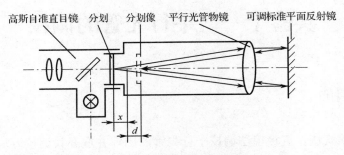

图 3-2　自准直法调校平行光管的原理

2．五棱镜法调校平行光管的原理

理想的五棱镜有如下特点：在五棱镜的入射光轴截面内，不同方向入射的光束经五棱镜后，其出射光束相对于入射光束折转 90°。本方法就是利用五棱镜的这一特点来对平行光管进行调校的。五棱镜法调校平行光管的原理如图 3-3 所示。

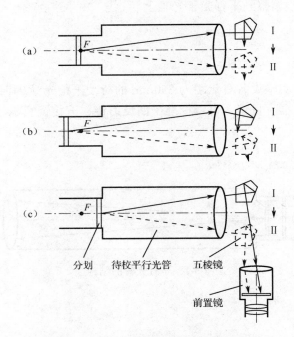

图 3-3　五棱镜法调校平行光管的原理

将五棱镜放置在平行光管物镜前的承物台上，五棱镜可沿垂直于平行光管光轴的方向平稳地移动。沿五棱镜出射光束方向放置前置镜（望远镜），用以观察平行光管的分划像。若分划位于平行光管物镜焦面上，则由平行光管物镜射出一束平行光，当五棱镜沿垂直于平行光管光轴的方向由位置 I 向位置 II 移动时，平行光管分划经前置镜所成的分划像将不产生任何横向移动，如图 3-3（a）所示。若分划面不位于平行光管物镜焦面上，则随着五棱镜由 I 向 II 移动，前置镜中形成的分划像将产生左右方向的横向移动，如图3-3（b）、（c）所示。利用这一现象，可准确地将平行光管分划面调到焦面位置。

五、实验步骤

1. 自准直法

（1）将装有十字分划板的待校平行光管、可调标准平面反射镜及高斯自准直目镜按图 3-2 摆好，并调出自准直分划像。

（2）当用清晰度法调校时，应调至自准直分划像与分划同样清晰，此时认为平行光管已调好。

（3）如果以消视差法调校，即通过眼瞳在出瞳面处横向摆动，则由分划像相对分划是否存在横向措动（有无视差）来判定分划面是否位于物镜焦面处。若分划像的措动方向与眼瞳摆动方向相同，则表明分划像比分划离眼瞳更远些。也就是说，分划像位于焦面内，而分划面必然位于焦面外，即图 3-2 所示的情况。反之，若分划像的措动方向与眼瞳摆动方向相反，则分划面位于焦面内。然后，按照判定的分划面调整方向，微调分划板镜框，直至分划像与分划消视差。反复调校几次，调好后拧紧分划板镜框压圈，此时表明平行光管已调好。

2. 五棱镜法

（1）将五棱镜放置在可沿垂直物镜光轴方向移动的承物台上，并使五棱镜的入射面对向平行光管物镜，出射面对向前置镜。调整承物台的高低位置，并调节前置镜的俯仰手轮和方位手轮，使分划像呈现于前置镜视场中，同时使平行光管的竖线分划像与前置镜相应分划对准（若两分划均为竖线，则应利用两者间的横向微小间隙变化进行对准，以提高调校精度）。

（2）转动承物台的手轮，使其上的五棱镜沿垂直于平行光管物镜光轴的方向向前置镜移动。若在前置镜中形成的平行光管的分划像由左向右移动，则表明分划面位于焦面外，如图3-3（b）所示；反之，分划面在焦面内，如图 3-3（c）所示。

（3）松开分划板镜框压圈，按步骤（2）确定的分划面移动方向，沿轴向微调分划板镜框，直至五棱镜在移动时，平行光管的分划像相对于前置镜分划不发生横向移动（或两者间的微小间隙宽度不再变化），表明分划面已经准确位于平行光管物镜焦面上了。

（4）调好后，拧紧分划板镜框压圈。

六、思考题

1．比较自准直法与五棱镜法调校平行光管的特点。

2．两种方法各自是如何判别分划面相对于平行光管物镜焦面的位置的？

实验十二　放大率法测量透镜焦距

一、实验目的

1．掌握放大率法测正、负透镜焦距的原理。

2．熟悉焦距仪的结构并掌握焦距的测量技术。

二、实验内容及要求

1．调节焦距仪。

2．测量透镜的焦距和顶焦距。

三、实验设备

本实验需要的设备是焦距仪和透镜。焦距仪主要由平行光管、透镜夹持器、测量显微镜和导轨组成，如图 3-4 所示。

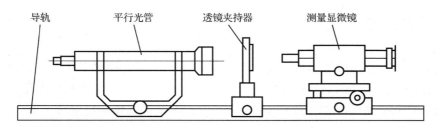

图 3-4　焦距仪的结构

平行光管的焦距 $f_c' = 550\text{mm}$。图 3-5 为焦距仪光学系统示意图，图中给出了平行光管中玻罗板和测量显微镜中分划板的图形。玻罗板上共有五对间隔不同的平行刻线，它们的间距分别为 20mm、10mm、4mm、2mm 和 1mm。

焦距仪的导轨长度为 1.5m，上面附有一根刻线尺，最小格值为 1mm，利用它可以指示出测量显微镜所在的位置，这对测量顶焦距是有用的。

透镜夹持器用于调整待测透镜，可沿导轨移动，也可绕垂直轴做水平方向的旋转和高低微调。

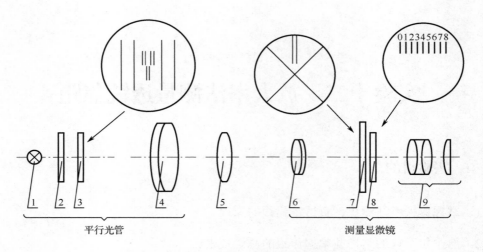

1—光源；2—毛玻璃；3—玻罗板；4—平行光管物镜；5—待测透镜；

6—测量显微镜物镜；7—可动分划板；8—固定分划板；9—目镜。

图 3-5　焦距仪光学系统示意图

测量显微镜安装在一个可纵向、横向和上下调节的底座上。在测量显微镜的目镜焦面上装有固定分划板，共分 8 格，格值为 1mm，用于在测量玻罗板刻线像间距时读取整数部分，小数部分在目镜测微鼓轮上读取。在转动测微鼓轮时，可动分划板上的双夹线和十字叉丝同时移动，测微鼓轮每转动一周，双夹线和十字叉丝移过固定分划板标尺的一格（1mm），由于测微鼓轮整圈被均匀地分成 100 格，所以测微鼓轮每旋转 1 小格，目镜里的双夹线和十字叉丝就沿分划板标尺移动 0.01mm，因此，测量精度可以达到 0.01mm。

四、实验原理

放大率法测量正透镜焦距的原理如图 3-6 所示，待测透镜置于平行光管物镜之前。若平行光管物镜焦面处的玻罗板线对间距为 y，则在待测透镜焦面上的成像间距为 y'。如果用测量显微镜测得 y' 的像间距 $y'' = \beta y'$（β 为测量显微镜物镜的放大率），则由下式可求得待测透镜的焦距：

$$f' = f_c' \frac{y''}{\beta y} \tag{3-1}$$

式中，f_c' 是平行光管物镜焦距；y'' 是测量显微镜目镜测得的玻罗板线对经待测透镜和测量显微镜物镜二次成像的像高。

将测量显微镜依次调焦到待测透镜焦面位置和透镜后表面顶点位置，测量显微镜的轴向移动距离就是待测透镜的后顶焦距 l_F' 值。

放大率法测量负透镜焦距的原理如图 3-7 所示，相应的焦距计算公式为

$$f' = -f_c' \frac{y'}{y} = -f_c' \frac{y''}{\beta y} \qquad （3\text{-}2）$$

必须指出，由于负透镜成虚像像高为 y'，所以为了用测量显微镜看清该像，测量显微镜物镜的工作距离一定要大于负透镜的焦距。同样，依次调整测量显微镜，从看清 y' 到看清后表面顶点，测量显微镜的轴向移动距离就是后顶焦距 l_F' 值。

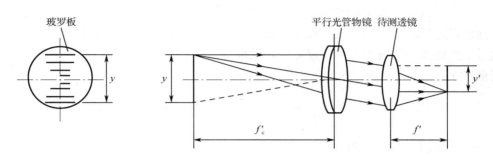

图 3-6　放大率法测量正透镜焦距的原理

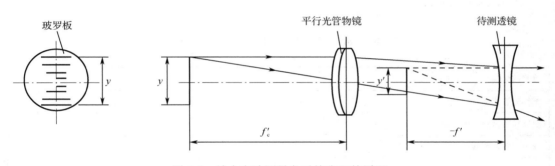

图 3-7　放大率法测量负透镜焦距的原理

五、实验步骤

1．将待测透镜装到透镜夹持器上，并调整其光轴与平行光管和测量显微镜的光轴一致。

2．调节测量显微镜目镜，直到能清晰地看到目镜里分划板上的标尺刻线，以及双夹线和十字叉丝。

3．在导轨上，一边前后缓慢地推动测量显微镜，一边用眼睛从测量显微镜目镜中观察玻罗板线对像，找到像之后，旋转测量显微镜侧面的轴向微调旋钮，使玻罗板的刻线像无视差地处于测量显微镜目镜的分划板上。

4．拧开测量显微镜目镜右侧的锁紧螺钉，转动测量显微镜目镜，使其十字叉丝和双夹线的移动方向与玻罗板刻线方向垂直（或者使目镜标尺刻线与玻罗板刻线平行）。

5．选择玻罗板五对刻线中的任意一对作为测量对象，旋转测微鼓轮，用十字叉丝或双夹线对准所选线对的其中一根，读出其位置，其中，整数部分在目镜标尺上读出，小数部分在测微鼓轮上读出，记录数据；继续旋转测微鼓轮，用十字叉丝或双夹线对准所选线对的另一根，读出其位置，并记录数据，重复测量三次。

6. 记录此时测量显微镜的轴向位置（导轨上的刻线尺和测量显微镜侧面的刻线尺都要读数），轴向移动测量显微镜，同时在目镜里观察，直到清晰地看到待测透镜后表面的灰尘和划痕，说明此时测量显微镜已经调焦到待测透镜后表面顶点处，记录测量显微镜的轴向位置。从清晰地看到玻罗板刻线像（将测量显微镜调焦到待测透镜焦面上）到清晰地看到待测透镜后表面，测量显微镜沿轴向移动的距离就是待测透镜的后顶焦距。重复测量三次。

7. 将物镜旋转 180°，利用与测后顶焦距类似的方法，可测出透镜的前顶焦距。

六、实验数据记录及处理

将实验所得数据填在表 3-1 中。

表 3-1 放大率法测量透镜焦距实验数据表格

待测透镜编号：			
平行光管焦距：	$f'_c =$	mm	
测量显微镜物镜的倍率：	$\beta =$		
选用玻罗板刻线间距：	$y =$	mm	
序 号	焦 距 测 量		顶焦距测量	
	左刻线读数/mm	右刻线读数/mm	顶点位置/mm	焦点位置/mm
1				
2				
3				
4				
平均				
刻线像距的测得值：	$y' =$	mm		
待测透镜的焦距值：	$f' =$	mm		
待测透镜的后顶焦距值：	$l'_F =$	mm		

七、思考题

在用焦距仪以放大率法测量透镜焦距时，测量中应考虑哪些因素能达到预期的测量精度？

实验十三　最小偏向角法测量光学玻璃折射率

一、实验目的

1．进一步熟悉分光计的结构和原理，学会正确使用分光计。

2．再次熟悉棱镜角度测量的原理和方法。

3．掌握用最小偏向角法测量光学玻璃折射率的原理和方法。

二、实验内容及要求

1．调整分光计。

2．测量三棱镜顶角的角度。

3．观察汞灯的色散谱线。

4．测量最小偏向角，计算光学玻璃折射率。

三、实验设备

本实验要用到的实验设备有分光计、汞灯。分光计的结构、原理及调整方法详见光学综合实验Ⅰ实验四相关部分。

四、实验原理

最小偏向角法是测量三棱镜折射率的基本方法之一，其原理如图 3-8 所示。三棱镜横截面的顶点 A 两边是透光的光学表面 AB 和 AC，又称折射面，两者的夹角 α 称为三棱镜的顶角；BC 为毛玻璃面，称为底面。

某一波长的单色平行光以入射角 i_1 投射到棱镜的 AB 面上，折射角为 i_2，折射光再以入射角 i_3 投射到 AC 面上，经 AC 面再次折射后以折射角 i_4 出射。出射光线与入射光线的夹角 δ 称为偏向角。由图 3-8 可以推出

$$\delta = (i_1 - i_2) + (i_4 - i_3) = i_1 + i_4 - \alpha \tag{3-3}$$

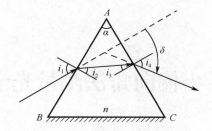

图 3-8　最小偏向角法测量三棱镜折射率的原理

式（3-3）表明，对于给定的三棱镜，其顶角 α 和折射率 n 已定，此时偏向角 δ 随入射角 i_1 而变，δ 是 i_1 的函数。可以证明，当 $i_1 = i_4$（或 $i_2 = i_3$），即入射光线和出射光线对称地"站在"三棱镜两旁时，偏向角有最小值 $\delta_{\min}$，称为最小偏向角，此时有 $i_2 = i_3 = \dfrac{\alpha}{2}$，$i_1 = \dfrac{\alpha + \delta_{\min}}{2}$，故

$$n = \frac{\sin i_1}{\sin i_2} = \frac{\sin \dfrac{\alpha + \delta_{\min}}{2}}{\sin \dfrac{\alpha}{2}} \tag{3-4}$$

由（3-4）式可知，只要测出三棱镜顶角 α 和最小偏向角 $\delta_{\min}$，就可以计算出三棱镜对该波长的入射光的折射率。

五、实验步骤

1. 调整分光计（参见实验四）。

2. 测量三棱镜顶角（参见实验四）。

3. 最小偏向角法测量三棱镜折射率。

（1）按图 1-17（参见实验四）把三棱镜放在调整好的分光计载物台上。

（2）如图 3-9 所示，三棱镜的 AB 和 AC 为光学面，BC 为毛玻璃面（底面），转动游标盘（注意：不能直接转动载物台或三棱镜），带动载物台连同所载三棱镜转到如图 3-9 所示的位置（可以先转到三棱镜顶点 B 正对平行光管轴向的位置，然后稍稍转偏一点，让平行光入射到三棱镜的 AB 面上），转动望远镜，在 AC 面靠近 BC 面（底面）的某一方向能找到出射光，即狭缝的像，此时在望远镜中观察到的汞灯色散谱线如图 3-10 所示。注意：在放置三棱镜时，必须轻轻地放，不能破坏调整好的分光计和损坏三棱镜。

（3）挑选一根谱线进行测量。稍稍转动游标盘，带动载物台连同所载三棱镜一起旋转，改变入射光对光学面 AB 的入射角，出射光方向随之改变。与此同时，偏向角发生变化，这时从望远镜中看到的狭缝像也随之移动（望远镜要同步跟踪），注意观察此时偏向角是增大还是减小，然后转动游标盘，使狭缝像向偏向角减小的方向移动。当三棱镜转到某个位置时，狭缝像不再移动。继续转动游标盘，使三棱镜沿原方向转动，狭缝像反而向相反方向移动，即偏向角反而增大，这个转折位置就是最小偏向角位置，也称为截止位置。

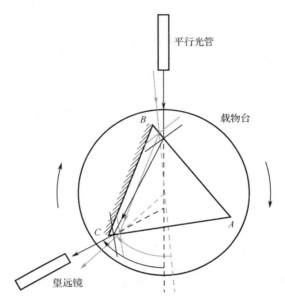

图 3-9　最小偏向角调节过程示意图

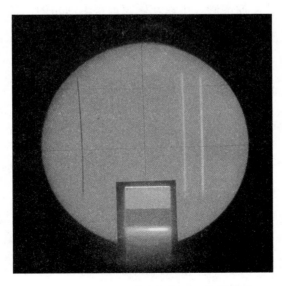

图 3-10　汞灯经三棱镜折射所见色散谱线

（4）转动望远镜，使望远镜"╪"叉丝的竖线与狭缝重合并读出此时度盘左右两游标处的透射线的角度位置，此位置就是截止光所在位置；移去三棱镜，使望远镜"╪"叉丝的竖线与直接透射的狭缝像重合，再读出左右两游标处的透射线的角度位置，此位置就是入射光所在位置。上述两角位置相减就是要测的最小偏向角的值。

六、实验数据记录及处理

将实验所得数据填在表 3-2 中。

表 3-2 最小偏向角法测量光学玻璃折射率实验数据表格

顶角 $\alpha =$＿＿＿＿＿＿＿   波长 $\lambda =$＿＿＿＿＿＿＿

次数	入射光方位		截止光方位		$\delta_1 = \varphi_1 - \varphi_{10}$	$\delta_2 = \varphi_2 - \varphi_{20}$	$\delta = \frac{1}{2}(\delta_1 + \delta_2)$	$\bar{\delta}$
	左游标 φ_{10}	右游标 φ_{20}	左游标 φ_1	右游标 φ_2				
1								
2								
3								
折射率 $n=$								

七、思考题

1．在测量三棱镜角度时，怎样才能迅速调整三棱镜主截面的位置？为什么要调节三棱镜主截面呢？

2．讨论用什么方法才能准确、迅速地确定最小偏向角的位置。

实验十四　V棱镜法测量光学玻璃折射率

一、实验目的

1．进一步熟悉分光计的结构和原理，学会正确使用分光计。

2．掌握用 V 棱镜法测量光学玻璃折射率的原理和方法。

3．了解光学玻璃折射率和光波波长的关系。

二、实验内容及要求

1．调整分光计。

2．用 V 棱镜法测量光学玻璃折射率，分析光学玻璃折射率和光波波长的关系。

三、实验设备

1．分光计

分光计的结构、原理及调整方法详见光学综合实验 I 实验四相关部分。

2．低压汞灯

低压汞灯在可见光谱内能够辐射出若干不同波长的光线，其中的常见谱线如下。

（1）橙色谱线：$\lambda_d = 589.3\text{nm}$。

（2）绿色谱线：$\lambda_e = 546.1\text{nm}$。

（3）蓝色谱线：$\lambda_g = 435.8\text{nm}$。

（4）紫色谱线：$\lambda_h = 404.7\text{nm}$。

紫色谱线光强比较弱，一般不太明显。橙、绿、蓝三种谱线都清晰可见，实验要求测出光学玻璃对应这三种波长的折射率 n_d、n_e、n_g。

3．折射率匹配液

实验用的折射率匹配液是事先配好的，可直接选用。折射率匹配液由煤油（折射率约为 1.446）与溴代萘液体（折射率约为 1.657）配制而成，其折射率由阿贝式折射仪测量得到。

四、实验原理

图 3-11 为 V 棱镜法测量光学玻璃折射率的原理。V 棱镜是一块带有"V"形缺口的长方形棱镜。它是由两块材料完全相同、折射率均为 n_0 的直角棱镜胶合而成的。V 形缺口的张角 $\angle AED = 90°$，两个尖棱的角度 $\angle BAE = \angle CDE = 45°$。

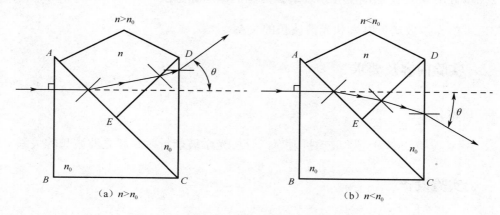

图 3-11　V 棱镜法测量光学玻璃折射率的原理

将被测光学玻璃样品磨出构成 90° 的两个平面，放在 V 形缺口内。由于样品角度加工有误差，所以被测样品的两个面和 V 形缺口的两个面之间会有空隙，需要在中间填充一些折射率和被测样品折射率接近的液体，这种液体称为折射率匹配液。这样做的作用：一是防止光线在界面上发生全反射；二是即使样品加工的 90° 角不准确，加上折射率匹配液之后，也近似于一个准确的 90° 角；三是样品表面只需细磨即可，免去抛光的麻烦。

单色平行光垂直射入 V 棱镜的 AB 面，如果被测样品的折射率 n 和已知的 V 棱镜的折射率 n_0 相同，则整个 V 棱镜加上被测光学玻璃样品就像一块平行平板玻璃，光线在两接触面上不发生偏折，因此，最后的出射光线也不发生任何偏折；如果两者的折射率不相等，则光线在接触面上会发生偏折，最后的出射光线相对于入射光线就会产生一偏折角 θ，如图 3-11 所示。很明显，偏折角 θ 的大小和被测光学玻璃样品的折射率 n 有关。V 棱镜法就是通过测量偏折角 θ 的准确值来计算被测光学玻璃的折射率 n 的，即

$$n = \left(n_0^2 \pm \sin\theta \sqrt{n_0^2 - \sin^2\theta}\right)^{\frac{1}{2}} \tag{3-5}$$

式（3-5）是 V 棱镜法测量玻璃折射率的原理公式，测得出射光线相对于最初入射

光线方向的偏折角 θ，根据已知的 V 棱镜材料的折射率 n_0，就可以计算出被测光学玻璃的折射率 n。当 $n > n_0$ 时，光线向上偏折，式（3-5）中取正号；当 $n < n_0$ 时，光线向下偏折，式（3-5）中取负号。由于在测量时并不知道是 $n > n_0$，还是 $n < n_0$，所以式（3-5）中的正、负号可根据出射光线的偏折方向来确定。

五、实验步骤

1. 调整分光计（参见实验四）。

2. 测量出射光线相对于入射光线的偏折角 θ，具体步骤如下。

（1）首先要调节仪器的零位，即当对准望远镜直接瞄准来自平行光管的没有偏折的光线时，读数应是 0°。本仪器带有一块校正零位用的标准玻璃块，是从制造 V 棱镜的同一块玻璃上切割下来加工而成的。在调整零位时，将它放在 V 棱镜的缺口内，中间加上少许折射率与 n_0 接近的折射率匹配液。由于 V 棱镜与标准玻璃块的折射率完全相同，所以光线通过时不发生偏折。用对准望远镜的瞄准双线对准平行光管的目标线像，此时读数应为 0°，如果有偏差，则应校正好，或者记下零位读数，在以后的读数中减去。

（2）在被测光学玻璃样品的两直角面上涂上少许与样品折射率接近的折射率匹配液，然后将它放在 V 棱镜的缺口内，并注意排除其间的气泡。

（3）转动望远镜，找到平行光管狭缝的色散谱线，如图 3-12 所示。

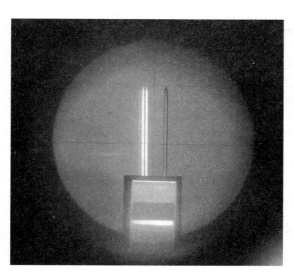

图 3-12　V 棱镜法测量光学玻璃折射率时观察到的汞灯色散谱线

（4）轻轻转动望远镜，当望远镜中"╬"叉丝的竖线距离待测色散谱线较近时，用望远镜微调螺钉微微转动望远镜，使望远镜中"╬"叉丝的竖线与待测色散谱线重合，读出此时度盘左右两游标处透射线的角度位置。依次测量橙、绿、蓝三条谱线（或橙、绿、蓝、紫四条谱线）的角度位置（各含左右游标读数）。

（5）出射光的角度位置与零位之间的角度差就是要测量的偏折角 θ。

3．观察光线的偏折方向，正确利用式（3-5），可计算出待测光学玻璃在各种波长下的折射率。

六、实验数据及处理

将实验所得数据填在表 3-3 中。

表 3-3　V棱镜法测量光学玻璃折射率实验数据表格

序号	零位读数		橙色谱线			绿色谱线			蓝色谱线		
	左	右	左	右	θ_d	左	右	θ_e	左	右	θ_g
1											
2											
3											
4											
5											
6											
偏折角平均值			$\bar{\theta}_d =$			$\bar{\theta}_e =$			$\bar{\theta}_g =$		
待测光学玻璃折射率			$n_d =$			$n_e =$			$n_g =$		

实验所用 V 棱镜在汞灯谱线不同波长处的折射率如下：

$\lambda_d = 589.3 \text{nm}$　　　$\lambda_e = 546.1 \text{nm}$　　　$\lambda_g = 435.8 \text{nm}$　　　$\lambda_h = 404.7 \text{nm}$

$n_{0d} =$　　　　　$n_{0e} =$　　　　　$n_{0g} =$　　　　　$n_{0h} =$

七、思考题

1．度盘的转轴为什么要与 V 棱镜的 V 形缺口棱边严格平行？

2．在实验过程中，加入折射率匹配液有什么作用？对折射率匹配液有什么要求？应如何配制？

实验十五　平面元件光学不平行度测量

一、实验目的

1．掌握光学测角仪的使用方法与测量平板玻璃不平行度的原理和方法。

2．掌握反射棱镜光学不平行度的概念和用光学测角仪测量反射棱镜光学不平行度的方法。

二、实验内容及要求

1．在单管光学测角仪上测量平板玻璃的不平行度。

2．在双管光学测角仪上测量 DⅠ-90°直角棱镜的光学不平行度，并分析该棱镜的角度误差和棱差。

3．在双管光学测角仪上测量 DⅡ-180°直角棱镜的光学不平行度，并分析该棱镜的角度误差和棱差。

三、实验设备

平板玻璃的不平行度用单管光学测角仪测量，棱镜的光学不平行度用双管光学测角仪测量。

1．单管光学测角仪

单管光学测角仪是利用光学自准直原理进行角度测量的光学测量仪器。图 3-13 是单管光学测角仪，由自准直望远镜和工作台等组成的。工作台、支架背部及弯臂侧面各有一个调节手柄，松开工作台背部的手柄，可使支架在工作台两边摆动；松开支架背部的手柄，可使弯臂在支架的直槽中带动望远镜上下移动和转动；松开弯臂侧面的手柄，可使镜管上下滑动。工作台是一个沉重的基座，用来保证望远镜能稳定地固定在任意位置。

图 3-14 是单管光学测角仪的光学结构示意图。自准直望远镜（采用阿贝式自准直目镜）由目镜、保护玻璃、分划板、物镜、光源和照明棱镜组成。

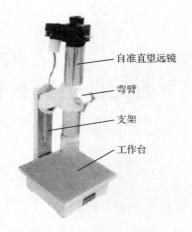

图 3-13   单管光学测角仪

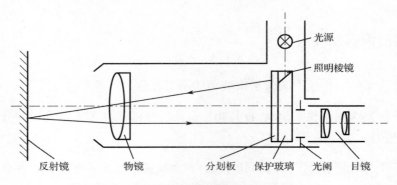

图 3-14   单管光学测角仪的结构示意图

分划板的刻线情况如图 3-15 所示。分划板上有两组刻线,其中,透明的垂直刻线标注的数值为 0~60;黑色的水平刻线标注的数值为 0~40,其格值为 1'。光源通过照明棱镜的斜面反射,把分划板上透明的垂直刻线照亮,由透明的垂直刻线发出的光束经过物镜后变成平行光,由被测件的前后表面反射回来,再经过物镜后在分划板上形成透明的垂直刻线的像,反射回来的像和分划板上黑色的水平刻线相交,最后在目镜中看到的视场情况如图 3-16 所示。

2.双管光学测角仪

图 3-17 是双管光学测角仪实物图。它主要由基座、工作台和两个自准直望远镜组成(实验中,只用其中一个自准直望远镜)。图 3-18 是双管光学测角仪自准直望远镜的光学系统的结构。双管光学测角仪使用的是阿贝式自准直目镜,在视场中看到反射回来的被照亮的十字线的亮像。在使用该仪器测量反射棱镜的光学不平行度时,应注意光路中直角棱镜的转像作用。图 3-19 是双管光学测角仪目镜视场图,从图中可以看出,其分划刻线的最小格值是 15″。

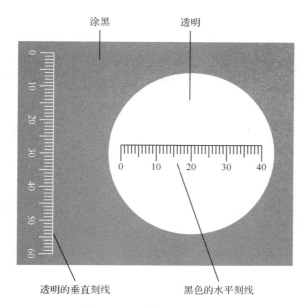

图 3-15　分划板的刻线情况

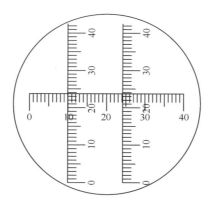

图 3-16　在目镜中看到的视场情况

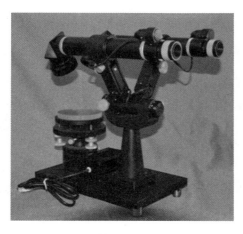

图 3-17　双管光学测角仪实物图

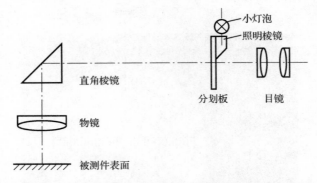

图 3-18　双管光学测角仪自准直望远镜的光学系统的结构

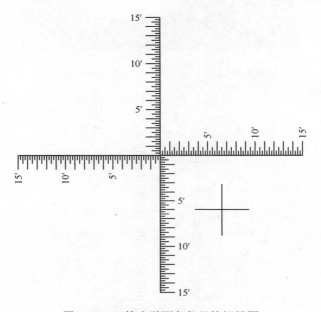

图 3-19　双管光学测角仪目镜视场图

四、实验原理

1. 平板玻璃不平行度的测量

如图 3-20 所示，由自准直望远镜射出的平行光束以入射角 i 投射在折射率为 n、楔角为 θ 的被测楔形平板玻璃的前表面上，一部分光以反射角 $i' = i$ 的方向反射回来，这部分光以①表示；其余的光被折射进入玻璃，折射角为 r。根据折射定律，有

$$n \cdot \sin r = \sin i \qquad (3\text{-}6)$$

由自准直望远镜射出的平行光束不一定垂直于被测件前表面，但一般入射角 i 比较小，因此折射角 r 也很小，故式（3-6）可以简化成 $r = \dfrac{i}{n}$。

进入玻璃的光投射到楔形平板玻璃的后表面上，从图 3-20 中可以看出，光在后表面上的入射角为 $\theta+\dfrac{i}{n}$，经后表面反射，又以 $2\theta+\dfrac{i}{n}$ 的入射角投射到前表面上，最后在前表面发生折射，折射光在图中以②表示。如果折射角为 β，则由折射定律可以写出如下公式：

$$\sin\beta = n\cdot\sin\left(2\theta+\frac{i}{n}\right) \tag{3-7}$$

由于楔形平板玻璃的平行性误差，即楔角 θ 通常都很小，i 也比较小，所以 β 角也不大。因此，式（3-7）可以简化为

$$\beta = n\cdot\left(2\theta+\frac{i}{n}\right) = 2n\theta + i \tag{3-8}$$

从楔形平板玻璃前后两个表面反射回来的两部分光①和②进入测角仪的自准直望远镜，在分划板上形成两个分开的像。从图 3-20 中可以看出，光线①和②之间的夹角为 φ，且有

$$\varphi = \beta - i' = 2n\theta + i - i' = 2n\theta \tag{3-9}$$

φ 可以在分划板上直接读出，因此可以得到被测平板玻璃楔角 θ 的计算公式：

$$\theta = \frac{\varphi}{2n} \tag{3-10}$$

这里要特别指出一点，为了读数测量方便，实验中所用的单管和双管两种光学测角仪的分划板刻线的标注数值均为实际角值的一半，即按 $\dfrac{\varphi}{2}$ 标注，故平板玻璃楔角的计算公式可以写为

$$\theta = \frac{\phi}{n} \tag{3-11}$$

式中，$\phi = \dfrac{\varphi}{2}$，为在测角仪分划板上读出的角度值。

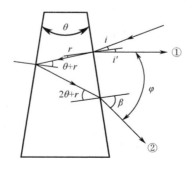

图 3-20　平板玻璃不平行度测量原理图

2．反射棱镜光学平行差的测量

反射棱镜的光学平行差是指当光线垂直于入射面入射时，光线在出射前对出射面法线的夹角。反射棱镜可以展开成一块平板玻璃，由于棱镜加工制造中的误差（角度偏差及棱的位置误差）与等效平板玻璃的平行差有关，因此，可以用与自准直望远镜测量平板玻璃平行性误差十分相似的方法来测量棱镜的光学平行差。由于反射棱镜的几何形状误差是各个方向的，所以展开成平板玻璃后，出射面的法线在空间某一位置，为了计算和测量方便，把棱镜平行差分为两个互相垂直的分量，即第一光学平行差 θ_{I}（入射光轴截面方向内的分量）和第二光学平行差 θ_{II}（垂直于入射光轴截面方向的分量）。

（1）直角棱镜 DⅠ-90° 光学不平行度的测量。

双管光学测角仪测量直角棱镜 DⅠ-90° 光学不平行度的测量原理如图 3-21 所示。调节自准直望远镜，使出射的平行光一部分与 AC 面自准直，在目镜视场里能看到十字反射像①；另一部分光由 AC 面进入棱镜，经过 AB 面、BC 面，再经过 AB 面反射，由 AC 面出射，在目镜视场中产生反射像②。②相对于①的位置和该棱镜的光学平行差有关。将被测棱镜沿 AB 面展成等效平板玻璃 $ACBC'$，可以看出两束出射光线在入射光轴截面内的夹角 φ 为

$$\varphi = 2n\theta_{\text{I}} \tag{3-12}$$

在垂直于光轴截面的平面内的夹角 φ' 为

$$\varphi' = 2n\theta_{\text{II}} \tag{3-13}$$

由于光学测角仪分划格值是按实际角值的一半标注的，所以有

$$\begin{cases} \theta_{\text{I}} = \dfrac{\phi}{n} \\ \theta_{\text{II}} = \dfrac{\phi'}{n} \end{cases} \tag{3-14}$$

式中，ϕ、ϕ' 是在光学测角仪分划板上读到的两个方向的角差值。

θ_{I}、θ_{II} 与棱镜角差 $\delta_{45°}$ 和棱差 γ_A 的关系为

$$\begin{cases} \theta_{\text{I}} = \delta_{45°} \\ \theta_{\text{II}} = 1.4\gamma_A \end{cases} \tag{3-15}$$

$$\begin{cases} \delta_{45°} = \theta_{\text{I}} = \dfrac{\phi}{n} \\ \gamma_A = \dfrac{\theta_{\text{II}}}{1.4} = \dfrac{\phi'}{1.4n} \end{cases} \tag{3-16}$$

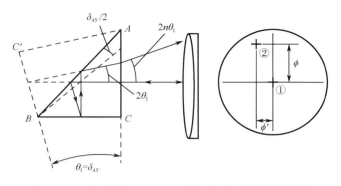

图 3-21　直角棱镜 D I-90°光学不平行度的测量原理

（2）直角棱镜 D II-180°光学不平行度的测量。

直角棱镜 D II-180°光学不平行度的测量原理及视场情况如图 3-22 所示，调节望远镜的光轴，使之与 AB 面自准直，此时将有一部分光线被直接反射，在视场中生成像①；另一部分光进入被测棱镜，经 AC 面和 CB 面（或 BC 面和 CA 面）产生一次反射，再由 AB 面折射成为光线②（或③，③与②对称，图中未画出）；与此同时，在 AB 面内侧还有一部分光产生内反射，经两直角面产生二次反射，再由 AB 面折射为光线④（或⑤，⑤与④对称，图中未画出）。

如果被测棱镜的形状是标准的，则视场中仅有一个重合的十字像①；若被测棱镜存在角差和棱差，则在视场中可见到有一定规律的五个像，如图 3-22 所示。由展开的等效平板可以看出，①、④两束光线之间的夹角 φ 为

$$\varphi = 2n\theta_{\mathrm{I}} \qquad (3\text{-}17)$$

①和④两束光线投影的夹角 φ' 为

$$\varphi' = 2n\theta_{\mathrm{II}} \qquad (3\text{-}18)$$

如前所述，仪器分划格值是实际角值的一半，故有

$$\begin{cases} \theta_{\mathrm{I}} = \dfrac{\phi}{n} \\[2mm] \theta_{\mathrm{II}} = \dfrac{\phi'}{n} \end{cases} \qquad (3\text{-}19)$$

式中，ϕ、ϕ' 是在测角仪分划板上读到的两个方向的角差值。

θ_{I}、θ_{II} 与棱镜角差 $\varDelta_{90°}$ 和棱差 γ_A 的关系为

$$\begin{cases} \theta_{\mathrm{I}} = 2\varDelta_{90°} \\[2mm] \theta_{\mathrm{II}} = 1.4\gamma_A \end{cases} \qquad (3\text{-}20)$$

$$\begin{cases} \Delta_{90°} = \dfrac{\phi}{2n} \\[2mm] \gamma_A = \dfrac{\phi'}{1.4n} \end{cases} \tag{3-21}$$

$\Delta_{90°}$ 表示 90° 角差的绝对值，其正、负取决于④、⑤像相对于①像的位置。若④像在①像的下方，则表明实际角比 90° 小；若④像在①像的上方，则表明实际角比 90° 大。若⑤像在①像的下方，则表明实际角比 90° 大；若⑤像在①像的上方，则表明实际角比 90° 小。④、⑤像的识别可用挡掉一半光的办法。识别①像可在被测棱镜的任一直角面上哈一口气，不受影响的是①像，而其他像则变模糊或消失。棱镜大小端的判断可根据④、⑤像在①像的哪边来确定，即④、⑤像在①像的那一边对应着棱镜的大端。

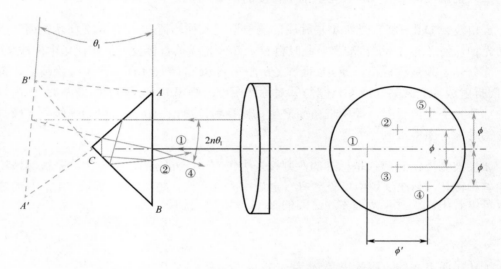

图 3-22 直角棱镜 DⅡ-180° 光学不平行度的测量原理及视场情况

五、实验步骤

1. 平板玻璃不平行度的测量

（1）将被测平板玻璃放在单管光学测角仪的工作台上（为防止工作台表面反射杂光，可在工作台上垫一张镜头纸）。

（2）调整自准直望远镜，使它的光轴和平板玻璃表面垂直。由于存在不平行度，所以在视场中可见到两组分开的亮刻线像。

（3）在工作台上旋转被测平板玻璃，此时在视场中见到两亮刻线像相对移动。直到黑色的水平刻线分划与两亮刻线像相交在相同的亮刻线的刻线值处，如图 3-16 所示。

（4）注意到分划板上刻线角值标注是实际角值的一半，读出两亮刻线像分开的角值，用式（3-11）计算不平行度。

（5）利用在被测平板玻璃背面哈气的办法判别被测平板玻璃的厚薄端。

2．直角棱镜 DⅠ-90°光学不平行度的测量

（1）将被测棱镜放置在双管光学测角仪的工作台上，使一个直角面对向自准直望远镜。

（2）调节工作台和自准直望远镜镜管，使在视场中能见到分别由被测棱镜入射面和反射面反射回来的亮十字线像。为了测量读数方便，调节到两亮十字线像分别位于分划板的垂直分划线和水平分划线上，如图3-23所示。

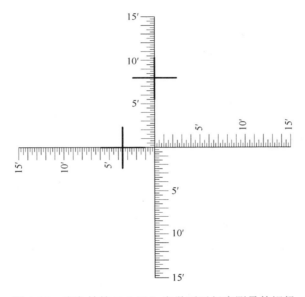

图3-23　直角棱镜 DⅠ-90°光学不平行度测量的视场

（3）注意到分划板上刻线角值标注是实际角值的一半，读出两亮十字线像分开的角值，并利用式（3-14）、式（3-16）计算棱镜的不平行度，以及棱镜的角差和棱差。

（4）利用在棱镜斜面上哈气的办法分析由于棱差形成的大小端。

3．直角棱镜 DⅡ-180°光学不平行度的测量

（1）将被测棱镜放置在双管光学测角仪的工作台上，使得斜面对向自准直望远镜。

（2）调节工作台和自准直望远镜镜管，使望远镜的光轴与直角棱镜的斜面垂直，这时在视场中看到五组反射回来的亮十字线像，如图3-24所示。

（3）分析各亮十字线像产生的原因，读出亮十字线像分开的角值，并利用式（3-19）、式（3-21）计算棱镜的不平行度，以及棱镜的角差和棱差。

（4）利用挡掉一半入射光的办法分析被测棱镜 Δ_{90} 值的正负和由棱差引起的大小端。

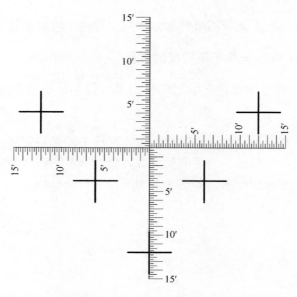

图 3-24   直角棱镜 DⅡ-180° 光学不平行度测量的视场

六、实验数据及处理

将实验所得数据分别填在表 3-4 和表 3-5 中。

表 3-4   测量平板玻璃不平行度实验数据表格

视 场	数 据	
被测件编号： 见到的视场：	已知数据 n	
	测量数据 ϕ	
	计算结果 θ	
	利用在试件背面哈气的方法，在左图中注明在视场中消失的像，并指明大小端	

表 3-5   测量反射棱镜光学不平行度实验数据表格

被测件	视 场	数 据	
DⅠ-90° 直角棱镜	被测件编号： 见到的视场：	已知数据 n	
		测量数据	
		$\phi =$	$\phi' =$
		计算结果	
		$\theta_1 =$	$\delta_{45°} =$
		$\theta_{\text{II}} =$	$\gamma_A =$

被测件	视　　场	数　据	
DⅡ-180° 直角棱镜	被测件编号： 见到的视场：	已知数据 n	
		测量数据	
		$\phi =$	$\phi' =$
		计算结果	
		$\theta_I =$	$\Delta_{45°} =$
		$\theta_{II} =$	$\gamma_A =$

七、思考题

1．当测量 DⅡ-180°直角棱镜时，在视场中看到的五组亮十字线像中，有两组像比其他像要亮得多，而且它们不随被测棱镜在主截面内的转动而移动，为什么？

2．实验中用同一块棱镜分别作为 DⅠ-90°和 DⅡ-180°直角棱镜测量不平行度，最后所得到的棱差 γ_A 的结果是否相等？实际测量结果怎么样？为什么？

光学综合实验Ⅳ

实验十六　光发送和光接收

一、实验目的

1. 了解光纤通信中光发送和光接收的工作原理。

2. 了解模拟信号与数字信号的光发送和光接收。

二、实验内容及要求

1. 观察光纤通信设备的各个功能模块。

2. 调试 1550nm 波长通道的光发送和光接收，用光功率计测量光功率，用示波器观察光发送模块和光接收模块各测试点信号的波形。

3. 实现模拟信号与数字信号不失真地进行光发送和光接收。

三、实验设备

本实验需要的设备有光纤通信实验箱、光功率计和示波器。

图 4-1 是光纤通信实验箱实物图，图 4-2 是光纤通信实验箱各功能模块分布图。如图 4-2 所示，系统含有 17 个功能模块：1550nm 光发送电路单元、1550nm 光接收电路单元、1310nm 光发送电路单元、1310nm 光接收电路单元、模拟信号产生电路单元、数字信号产生电路单元、误码检测电路单元、锁相环电路单元、电话接口电路单元 A、电话接口电路单元 B、串口电路单元、2M 接口电路单元、CPU 中央处理器电路单元、液晶显示器、键盘阵列电路单元、电源输入电路单元、单模光分路器。

该光纤通信系统含 1550nm 和 1310nm 两个波长通道，每个通道均可传输模拟信号和数字信号。模拟信号产生电路单元能产生正弦波、三角波和锯齿波等模拟信号；数字信号产生电路单元能产生方波、CMI 码和本地 2M 伪随机序列等数字信号。另外，该系统还含有 CMI、PCM、HDB3 编/译码电路、误码率测试电路等。光发送电路单元负责将电信号转换为光信号，并发送出去；光接收电路单元负责将经过光纤传输的光信号接收下来，转换成电信号，并进行整形和放大。电话接口电路单元可以连接电话机，从而实现语音信号的光纤传输。串口电路单元可以连接计算机串口，实现串口信号的光纤传输。2M 接口电路单元可以接入码元速率为 2.048Mbit/s 的基群信号，实现 2.048Mbit/s 数据的光纤传输。

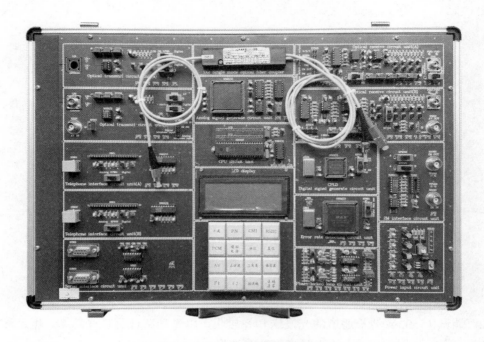

图 4-1　光纤通信实验箱实物图

图 4-2　光纤通信实验箱各功能模块分布图

四、实验原理

光发送电路单元的作用是把从信号产生电路单元送来的电信号转变成光信号,并送入光纤线路进行传输。实验箱上的光发送电路单元相比于真正的光发送机,功能要简单很多,主要完成电信号的均衡放大及将电信号加载到光源的发射光束上,即光调制。调制后的光波经过光纤信道被送至接收端，由光接收电路单元接收，并将经光纤传输后幅度被衰减、波形产生畸变的、微弱的光信号转变为电信号，并对电信号进行放大、整形、再生。

1. 光发送电路单元 A（工作波长：1550nm）相关测试点和可调电阻名称

TP101：模拟信号输入端测试点。

TP102：数字信号输入端测试点。

TP103：LD 加载信号测试点。

RP102：模拟信号调节电阻。

RP103：数字信号调节电阻。

RP101：LD 加载信号调节电阻。

2. 光发送电路单元 B（工作波长：1310nm）相关测试点和可调电阻名称

TP201：模拟信号输入端测试点（信号需要从 TP101 用跳线引入）。

TP202：数字信号输入端测试点（信号需要从 TP102 用跳线引入）。

TP203：LD 加载信号测试点。

RP203：模拟信号调节电阻。

RP204：数字信号调节电阻。

RP202：LD 加载信号调节电阻。

3. 光接收电路单元 A（工作波长：1550nm）相关测试点和可调电阻名称

TP104：光电转换后的信号。

TP105：TP104 经过增益均衡的信号。

TP106：处理后的模拟信号输出。

TP107：处理后的数字信号输出。

RP104：TP105 信号幅度调节电阻。

RP105：TP106 信号幅度调节电阻。

4. 光接收电路单元 B（工作波长：1550nm）相关测试点和可调电阻名称

TP204：光电转换后的信号。

TP205：对 TP104 进行增益均衡后的信号。

TP207：处理后的模拟信号输出。

TP208：处理后的数字信号输出。

RP205：TP205 信号幅度调节电阻。

RP206：TP207 信号幅度调节电阻。

5. 系统调试

（1）光发送通道的调试方法。

调试步骤：调节 LD（半导体激光器）的发光功率，打开设备电源，将光发送电路单元信号输入功能选择开关 KP101 拨向"数字"端，将 LD 加载信号选择开关拨向"数字"端，键盘功能键选择"RS232"，按"确认"键确认；功能选择插座短路块空置；光纤跳线一端接入 LD，另一端接入光功率计；调节 RP102、RP203，将数字输出光功率调整至-6～-4dBm。再将 KP102 拨向"模拟"端，调节 RP102、RP203，将模拟输出光功率调整至-8～-6dBm。

注：由于键盘功能键选择"RS232"，而串口接入端并未接入串口信号，因此相当于无调制信号。

将键盘复位键复位，选择"正弦波"，按"确认"键确认；将示波器测试频率选择为1ms，量程挡选择为 500mV 格，示波器 CH1 探头接地夹夹在单元通道接地端 GND 上，CH1 探头挂钩接在 TP101 上；调节模拟信号产生电路单元的 RP401，将正弦波信号幅度调至 500mV 左右；将开关 KP102 拨向"模拟"端，将示波器 CH1 探头挂钩改接至 TP103上，调节 RP101，将加载信号幅度调至 300mV 左右（加载信号不得失真）。

光发送电路单元 B 的模拟信号调试：将光发送电路单元 A 的 TP101 用双头导线夹夹上，另一端夹在光发送电路单元 B 的 TP201 上；将 KP201、KP203 拨至"模拟"端；将示波器探头挂钩［因为可以选择 CH1（通道 1）或 CH2（通道 2）探头，所以不需要指明］接在 TP203 上，调节 RP202，将加载不失真信号幅度调至 300mV 左右。光发送电路单元一旦调好，其相关参数应相对固定（不要轻易改变），如果需要重新调整发光功率，那么调制信号也应做相应的调整，确保加载的信号不失真。

（2）光接收通道的调试方法。

调试步骤：将光纤跳线一端插入光发送电路单元 A 的 LD 上，另一端插入光接收电路单元 A 的 PIN 上，键盘功能键选择"方波"并按"确认"键确认；将光发送电路单元A 的功能选择开关 KP101、KP102 拨向"数字"端；将示波器 CH2 探头接地夹夹在光接收电路单元 A 的接地端 GND 上，将 CH2 探头挂钩接在 TP104 上，此时信号幅度应在800mV 左右；将 CH2 探头挂钩改接在 TP105 上，调节 RP104，将信号幅度调至 500mV

左右；将 CH2 探头挂钩改接在 TP106 上，调节 RP105，将信号增益幅度调整至 1V 左右。

光接收电路单元 B 的调试方法同上，将光纤跳线一端插入光发送电路单元 B 的 LD 上，另一端插入光接收电路单元 B 的 PIN 上，将功能开关 KP204 置于"模/数"端；将示波器 CH2 探头接地夹夹在光接收电路单元 B 的接地端 GND 上，将 CH2 探头挂钩接在 TP204 上，此时方波信号幅度应在 800mV 左右；将 CH2 探头挂钩改接在 TP205 上，调节 RP205，将方波信号幅度调至 500mV；将 CH2 探头挂钩改接在 TP207 上，调节 RP206，将信号增益幅度调至 1V 左右。

五、实验步骤

1．熟悉光纤通信系统的工作原理及结构组成，熟悉示波器。

2．打开系统电源，观察电源指示灯是否正常。

3．选择 1550nm 或 1310nm 波长通道进行模拟信号和数字信号传输的测试，调节相应点，使得接收的信号不失真。

4．记录各测试点信号波形、幅度及频率。

5．完成实验，关闭系统电源。

六、实验数据及处理

将实验所得数据填在表 4-1 和表 4-2 中。

表 4-1　数字信号（方波）的发送和接收实验数据表格

检测点	波形（标注幅度、频率或周期）
数字信号源（TP102）	
1550nm LD 加载信号（TP103）	
1550nm 光接收端信号（TP104）	

表 4-2　模拟信号（正弦波）的发送和接收实验数据表格

检测点	波形（标注幅度、频率或周期）
模拟信号源（TP101）	
1550nm LD 加载信号（TP103）	
1550nm 光接收端信号（TP104）	
1550nm 处理后的信号（TP106）	

实验十七 光线路 CMI 码

一、实验目的

1．了解 CMI 编码、译码及光纤传输原理。

2．掌握用光纤通信实验箱实现 CMI 编/译码、光纤传输的方法。

二、实验内容及要求

1．学习 CMI 编/译码及光纤传输原理。

2．完成 CMI 编/译码、光纤传输电路调试。

3．用示波器观察各测试点信号波形，比较码型变化及相位延迟。

三、实验设备

本实验要用的实验设备有光纤通信实验箱、光功率计和示波器。

四、实验原理

1．CMI 编码原理

码型变换的含义广泛，本实验中介绍的码型变换是指线路码的编码和译码，我国规定了公用网上的几个码型：5B6B、CMI、扰码二进制、1B1H 等。本实验将具体介绍 CMI 编/译码。

CMI（Coded Mark Inversion）即编码传号反转，表 4-3 给出了其编码规则，传号 1 由 11 和 00 交替表示（若前一个 1 为 11，则当前 1 采用 00 表示，依次类推），而空号 0 则固定地用 01 表示。

表 4-3 CMI 编码规则

输入二元码	CMI 码型
0	01
1	00 和 11 交替出现

图 4-3 给出了 CMI 与二元码的转换关系，由于一个码元变成了两个，因此它属于两电平的 1B2B 码。CMI 具有双相码的特点，无须担心信道相位的反转（当信息码为"1"时，两个线路码相同；当信息码为"0"时，两个线路码相反，信道相位反转后，仍具有此性质）问题，并且具有一定的纠错能力，易于实现，易于提取定时时钟，因此，在低速系统中被选为传输码型。在 ITU-T 的 G.703 建议中，规定 CMI 为四次群（139.264Mbit/s）的接口码型。

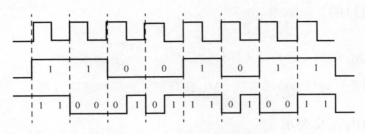

图 4-3　CMI 与二元码的转换关系

CMI 编码原理框图如图 4.4 所示，编码电路接收来自信号源的单极性非归零码（NRZ码），并把这种码型变换成为 CMI 码送至光发送机。若输入是传号，则翻转输出；若输入是空号，则打开门开关，使时钟反向输出，其电路原理如图 4-5 所示。

图 4-4　CMI 编码原理框图

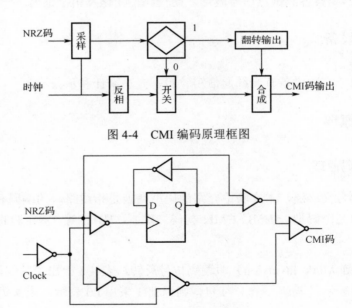

图 4-5　CMI 编码电路原理

本实验系统中采用可编程逻辑器件（PLD）来实现 CMI 编/译码。

2. CMI 译码原理

CMI 译码的思路很简单，当时钟和信道码对齐时，如果输入的是"11"或"00"，则输出"1"；如果输入的是"01"，则输出"0"。问题的关键是怎样将一系列的码元正确地两个两个分组。经过传输的 CMI 码首先要提取位同步时钟，接着采样判决。此时，CMI 码流和发送的码流在波形上没有区别（忽略误码情况），但是两个两个分组有两种不同的情况，一种是正确的，可以得到正确的结果；而另一种则会导致译码错误。

结合 CMI 码流的特点，有以下两种可以正确分组的方法：①如果在码流中检测到了0101，那么可以将其后面紧挨着的两个码元分为一组；②如果在码流中检测到了 1 到 0 的跳变，则可以将下降沿后的两个码元分为一组。

注：CMI 编码规则规定，输入码 0 编为 CMI 码的 01，输入码 1 交替编为 CMI 码的11 和 00。因此，CMI 码速率是原输入码速率的 2 倍。这样，在译码时，必须将 CMI 码的码元分为两个码元为一组。方法①是因为 0101 的原码肯定为 00，所以据此分组；方法②是因为 1 到 0 的跳变只可能发生在 11 和 00 之间或 11 和 01 之间，或者 01 和 00 之间或 01 和 01 之间，所以下降沿后的两个码元是一组。

一般情况下，方法②可以更快地实现正确分组，接下来就是根据编码规则进行译码了，这里介绍三种具体的解决方案。

第一种方案：原理框图如图 4-6 所示。

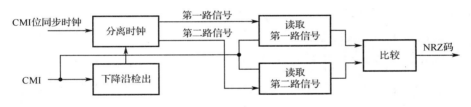

图 4-6　第一种方案的原理框图

从 CMI 位同步时钟中分离出两路时钟，它们和 CMI 位同步时钟同频，但是占空比不同，两路时钟的占空比都是 25%，但是两者相差半个周期，这样就可以将每组中的两个码元分开，从而形成第一路和第二路信号，在两路时钟信号的正确作用下比较两路信号，便可以将 CMI 码编译出来。

第二种方案：原理框图如图 4-7 所示。

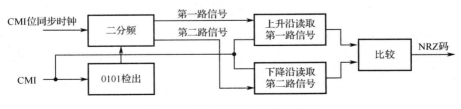

图 4-7　第二种方案的原理框图

可以看到，第二种方案本质上与第一种方案是一致的，差别在于找到进行正确分组的方法，该处利用二分频以后的上升沿和下降沿读取两路信号，即码流检测的方法②。

第三种方案：原理框图如图 4-8 所示。

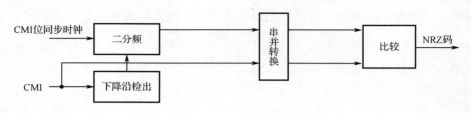

图 4-8　第三种方案的原理框图

这里的译码思路稍有变化，CMI 码流经过串并转换后，在二分频的位同步时钟的作用下读出，进行比较译码。

五、实验步骤

了解了 CMI 编/译码原理以后，就可以开始动手验证了。CMI 码光纤传输示意图如图 4-9 所示。

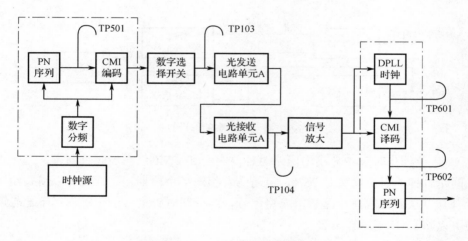

图 4-9　CMI 码光纤传输示意图

1．将键盘功能键选择为"CMI"并按"确认"键确认。

2．将光发送电路单元 A 的功能开关 KP101、KP102 拨向"数字"端，将光接收电路单元 A 的功能开关 KP103 拨向"数字"端，将 KP104 拨向"PN OUT"端，调节 RP108，使得 TP107 的信号幅度在 3.0V 左右。将 XP105 的两个短路帽分别插入"CMI"和"PN OUT"功能引脚位置。

3．测试 TP501、TP102/103、TP104/107、TP602 等点的信号波形。

4．对光纤传输前后的 CMI 码进行比较。

5．对编码之前和译码之后的 PN 序列进行比较。

6．按实验报告要求记录各测试点的信号波形。

六、实验数据及处理

将实验所得数据填在表 4-4 中。

表 4-4　CMI 码光纤传输实验数据表格

检测点	波形（标注幅度，注意延迟对比）
PN 信号源（TP501）	
经光纤传输并译码后的 PN 序列（TP602）	
1550nm 光发送端 CMI 码（TP102）	
1550nm 光接收端 CMI 码（TP104）	

实验十八　模拟语音光纤传输

一、实验目的

1. 了解光纤通信模拟电话的原理。

2. 掌握光纤通信系统语音传输通道调试的方法。

二、实验内容及要求

1. 学习模拟语音光纤传输的原理。

2. 完成模拟语音通话的电路调试，实现清晰的语音通话。

3. 用示波器观察各测试点的信号波形。

三、实验设备

本实验要用的实验设备有光纤通信实验箱、光功率计和示波器。

四、实验原理

模拟语音电话光纤传输实验系统框图如图 4-10 所示。

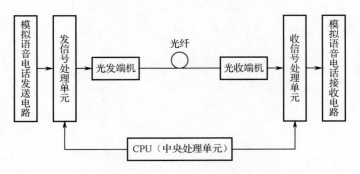

图 4-10　模拟语音电话光纤传输实验系统框图

本系统的模拟通信采用的是光强调制系统，这是一种最简单的调制方式。模拟信号是一种基带信号，它没有经过任何调制而去直接调制光源。模拟基带信号直接光强调制光纤通信系统是所有光纤通信系统中设备最简单和成本最低的一种光纤通信系统，适用于小容量、短距离的光纤通信，尤其适用于频带较宽的电视信号的传输。由于直接光强调制方式的光功率的时间响应直接与电信号功率的时间响应成正比，因此，要使信号进行不失真传输，就要求模拟基带信号直接光强调制光纤通信系统中的光/电和电/光转换具有良好的线性。一般来说，负责完成电/光转换功能的光源由于处在大信号工作条件下，所以线性较差；而负责完成光/电转换的光检测器由于处在小信号工作条件下，因此它对整个光纤通信系统的非线性失真影响较小。但是由于光检测器的输入信号功率是全系统中最小的，因此对整个光纤通信系统的信噪比影响较大。

模拟基带信号直接光强调制光纤通信系统对光发端机的要求如下。

（1）输出功率要大，这样，在接收灵敏度一定时，发送光功率越大，允许系统传输损耗越大，系统的传输距离越长。在光纤通信中，光源常用半导体 LED 和 LD。LD 输出光功率大于 LED 输出光功率，因此，从输出光功率这点来说，光源采用 LD 比采用 LED 要好。

（2）输出光功率温度稳定性要好，只有这样，才能保证各种温度下的传输距离。LD 是一种有阈值的发光器件，阈值受环境温度影响较大，因而在相同的驱动电流下，输出光功率变化较大。为使 LD 能在各种环境温度下保持恒定的光功率输出，光发端机需要采用自动温度控制（ATC）和自动光功率控制（APC）电路，从而大大提高了电子线路的复杂性和成本。LED 输出光功率随环境温度的变化较迟钝，一般都不需要加 ATC 和 APC 电路，电路简单、成本低。因此，从电子线路的复杂性来说，光源采用 LED 比采用 LD 要好。

（3）调制度 m 要大。m 大，接收机的信噪比就高，即接收机的灵敏度就高。但 m 不能太大，它要受到光源的 P-I 特性曲线两端弯曲部分的非线性制约。

（4）非线性失真要小。系统的非线性主要取决于光源。因为系统中电子线路的非线性一般都远小于光源的非线性，可以略去不计，所以，要求系统非线性小，就是要求光源非线性要小，光源非线性小，就可使 m 大和 DG、DP 小。LED 光源的线性要比 LD 光源的线性好得多，因此，从这一点来说，光源采用 LED 比采用 LD 要好。从以上对模拟光发端机的要求看，模拟基带信号直接光强调制选用 LED 光源比选用 LD 光源要好。

模拟基带信号直接光强调制光纤通信系统对光收端机的要求如下。

（1）信噪比要高。

（2）频带要宽。

（3）幅度特性要好。光纤通信中常用的检测器件有 PIN 管和 APD。PIN 管需要较低的偏压（10～20V）就可正常工作，因而不需要复杂的偏压控制电路，电路简单；其缺点是没有内增益。APD 需要较高的偏压（几十 V 到 200V）才能正常工作，其增益特性随环境变化较严重，一般都要采用偏压控制电路以维持增益不变。但 APD 具有 10～200 的雪崩增益，可使信噪比得到改善。在模拟基带信号直接光强调制光纤通信系统中，为使电路简单，检测器一般采用 PIN 管。

前置放大器的作用是把来自光检测器的微弱信号放大，前置输入的信号是全系统中最低的，因此，前置放大器决定全系统的信噪比，同时，前置放大器也决定全系统的灵敏度。

主放大器的功能是把前放（前置放大器）输出的信号进行高倍放大，放大到系统需要的合适电平。由于主放大器是一个宽频放大器，很容易产生自激，所以必须设计良好的电源去耦合电路以防止自激。模拟系统要求信号的信噪比高，信号非线性失真小，这可以在输入测试点 TP101 和输出测试点 TP106 上做测试，将 TP404 和输出测试点 TP705 送入双踪示波器的两个通道（CH1、CH2），可以先测方波信号，再送入三角波信号，然后送入正弦波信号，最后送入模拟语音信号，并通过双方的通话来判断模拟系统的性能。若要精确测试，则可以用话路特性测试仪进行测试。

五、实验步骤

1．将键盘功能键选择为"模拟电话"并按"确认"键确认。

2．将光发送电路单元 A 的功能开关 KP102 拨向"模拟"端，将光发送电路单元 B 的功能开关 KP201、KP203 拨向"模拟"端，将 XP202 的短路帽插入"模拟电话" 功能位；将光接收电路单元 A 的功能开关 KP103 拨向"模拟电话"端，将 XP105 的短路帽插入"模拟电话"功能位；将光接收电路单元 B 的功能开关 KP204 拨向"模/数"端、KP205 拨向"模拟"端，将 XP206 的短路帽插入"模拟电话"功能位。

3．将电话接口电路单元 A、B 的功能开关 KP901、KP902 均拨向"模拟"端，将电话插口 XS901、XS902 分别插入话机，提起话筒后按拨号键，双方都应听见清晰的拨号音和通话声（前提是将发送、接收两通道都调试一致）。

4．用示波器在线路的 TP101 处观察模拟语音的波形变化，比较讲话声音大和小时所测得的波形的变化。

实验十九　声光调制特性测试及分析

一、实验目的

1．掌握声光调制的基本原理。

2．了解声光器件的工作原理。

3．了解声光器件在光纤通信中的应用。

二、实验内容及要求

1．学习声光调制实验仪的使用，完成光路系统的搭建。

2．观察布拉格声光衍射现象。

3．观察交流信号的调制特性。

4．计算声光调制偏转角。

5．测量超声波的波速。

6．观察音频信号通过系统的光纤传输，理解声光器件在光纤通信中的应用。

三、实验设备

本实验需要用到的实验设备是声光调制实验仪和示波器。声光调制实验仪（见图 4-11）由可调半导体激光器、声光晶体盒、旋转平台、电源及信号箱、白屏、光电探测器和导轨组成。

可调半导体激光器发出的光的波长为 650nm，激光器安装在四维调整架内。声光介质是钼酸铅晶体，装在声光晶体盒中，声光晶体盒通光口径为 1mm，安装在旋转平台上，便于调节激光入射角。换能器介质是铌酸锂晶体，中心频率是 100MHz。电源及信号箱为激光器和声光晶体提供电源，提供正弦波信号、音频信号等调制信号，并负责接收光电探测器输出的电信号，所有信号都有输出接口，方便用示波器观察其波形。

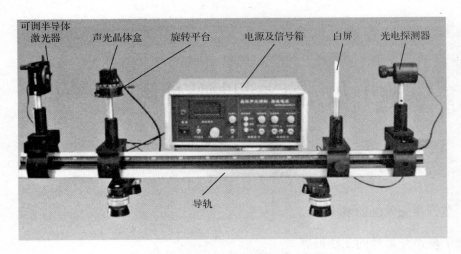

图 4-11　声光调制实验仪实物图

四、实验原理

1. 声光效应

当超声波传到声光介质内时，声光介质发生形变，导致介质的折射率随空间和时间而周期性变化，相当于在介质内形成了一个折射率光栅，光在通过这种介质时会发生衍射，这种现象称为声光效应。声光衍射使光波在通过介质后的光学特性发生改变，即光波的传播方向、强度、相位、频率发生了变化。

2. 声光器件的工作原理

产生声光效应的器件叫作声光器件，由声光介质、电-声换能器和声吸收材料等组成。声光介质是声光相互作用的媒介；电-声换能器也称超声波发生器，作用是将高频振荡器输入的电功率转换成声功率，使得介质中形成超声场；而吸声材料则用来吸收超声波，以使在声光介质中形成行波或驻波场。

声光调制是利用声光效应将信息加载于光波上的一种物理过程。调制信号作用于电-声换能器上，电-声换能器将相应的电信号转化为变化的超声场，当光波通过声光介质时，由于声光作用，光波受到调制而成为携带信息的调制波（载波）。声光调制器分拉曼-奈斯型和布拉格型。拉曼-奈斯型声光调制器的特点是工作声源频率低于 10MHz，只限于在低频工作，调制带宽较窄，衍射效率比较低。布拉格型声光调制器的特点是衍射效率高，调制带宽较宽。调制带宽是声光调制器的一个重要参量，是衡量能否无畸变地传输信息的一个重要指标，受布拉格带宽的限制。

3. 布拉格衍射

当声波频率较高、声波作用长度较长，且光束与声波波面以一定的角度斜入射时，光波在介质中要穿过多个声波面，故介质具有"体光栅"的性质。当入射光与声波波面的夹角满足一定条件时，介质内各级衍射光会相互干涉，各高级衍射光将互相抵消，只出现 0 级，+1 级（或-1 级）衍射光，即产生布拉格衍射。因此，利用布拉格衍射效应制成的声光调制器可以获得较高的效率。

五、实验步骤

1. 观察声光调制的衍射现象

（1）在光具座的滑座上放置好可调半导体激光器和光电探测器，并安装好声光调制器的载物台；按系统连接方法将可调半导体激光器、声光调制器、光电探测器等组件连接到声光调制电源及信号箱上。

（2）打开电源开关，接通激光电源，调节电源箱上的激光强度旋钮，使激光束得到足够的强度。用带小孔的白屏调整光路，先将可调半导体激光器放置在导轨零点处并锁定，把白屏拉到可调半导体激光器附近，调整可调半导体激光器的支杆，使激光束通过小孔，再把白屏拉远一些，基本是声光调制器放置的位置，旋转四维调整架上的微调旋钮，使激光束通过小孔，反复调节，使得在一定距离内，激光束是平行光。

（3）将声光调制器的通光孔置于载物台的中心位置，调整好高度，使得激光束刚好通过通光孔；把带小孔的白屏放置在带横向微动的滑座上，调整好小孔的高度，使得光束刚好通过小孔；调整光电探测器的高度，使得激光束落在光电探测器中心；调节激光束的亮度，使接收屏上有清晰的光点呈现。

（4）调节声光调制电压至最大，此时以 100MHz 为中心频率的超声波开始对声光晶体进行调制；微调载物台上声光调制器的转向，以改变声光调制器的光束入射角，即可出现因声光调制而出现的衍射光斑；仔细调节光束对声光调制器的角度，当+1 级（或-1 级）衍射光最强时，声光调制器运转在布拉格衍射条件下，此时通过调节小孔光阑的横向微调旋钮来使光强较强的+1 级（或-1 级）衍射光通过小孔；调节光电探测器的横向微调旋钮，使衍射光落在光电探测器中心，以便达到最佳接收效果。只有当控制电压为一定的值时，一级布拉格衍射光强才能达到极值。

2. 观察交流信号的调制特性

打开信号发生器，输入交流的正弦波信号，加法器把直流偏压和信号发生器的交流电压叠加在一起并输出到线性声光调制器上，对激光进行调制，经过光纤传输，被光电探测器接收，将光信号转换成电信号，返回到声光调制电源及信号箱。再用双踪示波器同时观察作为信号源的正弦波信号与加载到激光上经光纤传输、光电转换之后的解调正弦波信号。改变加在声光调制器上的线性直流偏压，即改变衍射光的光强，解调出来的正弦波信号波形也跟着变化，如图 4-12 所示。

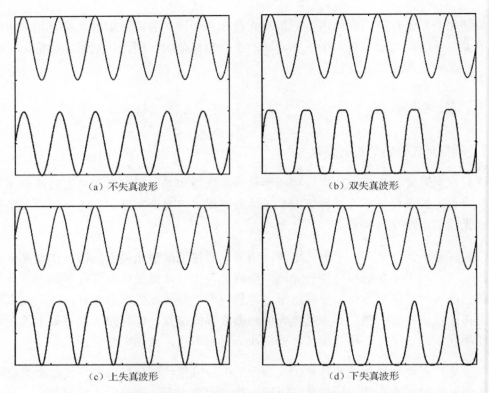

（a）不失真波形 （b）双失真波形

（c）上失真波形 （d）下失真波形

图 4-12 声光调制器在不同衍射光强（直流偏压）下的调制波形

（每幅图中上面的正弦波为信号源波形，下面的波形为解调出来的波形）

3．声光调制与光纤通信实验演示

当观察到的解调正弦波信号不失真时，保持声光调制器上的直流偏压不变，将正弦波信号源换成音频信号，可以观察到音频信号的不失真空间光纤通信现象，解调出来的音频信号可以通过扬声器播放出来。改变声光调制器上的直流偏压，解调出来的音频信号也跟着改变，出现失真现象。

4．计算声光调制偏转角

定义+1 级光和 0 级光之间的距离为 d，声光调制器与接收孔之间的距离为 L，由于 $L \gg d$，所以可求出声光调制偏转角：

$$\theta_{\mathrm{d}} \approx \sin\theta_{\mathrm{d}} \approx \frac{d}{L} \tag{4-1}$$

5．测量超声波的波速

将超声波频率 $f = 100\mathrm{MHz}$、激光波长 $\lambda = 650\mathrm{nm}$，偏转角 θ_{d} 代入下式即可求出超声波的波速：

$$v = \frac{f\lambda}{\sin\theta_d}$$

（4-2）

六、实验数据及处理

1．直流偏压对输出特性的影响

（1）输入信号波形。

（2）输出信号上失真波形（直流偏压：   ）。

（3）输出信号下失真波形（直流偏压：   ）。

（4）输出信号双失真波形（直流偏压：   ）。

（5）输出信号不失真波形（直流偏压：   ）。

2. 偏转角测量及超声波波速计算

将实验所得数据填在表 4-5 中。

表 4-5 声光调制偏转角实验数据表格

次　数	1	2	3	平　均
L/mm				
d/mm				
θ_d				

根据 f=100MHz， $\lambda = 650\text{nm}$ ， $v = f\lambda / \sin\theta_d$ ，可求得超声波的波速 v。

实验二十　电光调制特性测试及分析

一、实验目的

1．了解铌酸锂晶体的一级电光效应。

2．掌握电光调制器的工作原理。

3．了解电光器件在光纤通信中的应用。

二、实验内容及要求

1．学习电光调制实验仪的使用，完成光路系统的搭建。

2．观察电光效应引起的晶体光学性质的变化（观察单轴晶体、双轴晶体的偏振干涉图）。

3．观察交流信号的调制特性。

4．测量直流输出特性曲线。

5．测量晶体的半波电压。

6．观察音频信号通过系统的光纤传输，理解电光器件在光纤通信中的应用。

三、实验设备

本实验需要用的实验设备是电光调制实验仪和示波器。电光调制实验仪（见图 4-13）由可调半导体激光器、电光晶体（铌酸锂晶体）、起偏器、检偏器、1/4 波片、白屏、电光调制电源及信号箱、光电探测器和导轨组成。

图 4-13　电光调制实验仪实物图

四、实验原理

在外电场的作用下,晶体的折射率或双折射性质发生改变的现象称为电光效应。外电场作用下的光电晶体犹如一块波片,其相位延迟随外加电场的大小而变,随之引起偏振态的变化,从而使得检偏器出射光的振幅或强度受到调制。当外加电压使光电晶体产生的相位差 δ 达到 π 时,光电晶体相当于一块 1/2 波片,此时透射光强度为极大值,所加电压为电光晶体的半波电压。半波电压与电光系数的关系如下:

$$V_\pi = \left(\frac{\lambda}{2n_o^3 \gamma_{22}}\right)\frac{d}{l}$$

式中,V_π 为半波电压;n_o 为 o 光折射率;γ_{22} 为电光系数;λ 为激光波长;d 为铌酸锂晶体的厚度;l 为铌酸锂晶体的长度。

透射率与电压的非线性关系若不选择合适的工作点和调制电压的幅值,则会使输出的光信号相对于输入信号产生非线性失真。

五、实验步骤

1. 调整光路

(1)把导轨置于底座很稳的台面上,调整四个螺钉,使导轨水平,然后将其锁紧。

(2)将可调半导体激光器及可调支架、起偏器、白屏依次安装在导轨上。将起偏器度盘转至0°,旋转激光头角度,观察通过起偏器投射在白屏上的激光,使激光最强。

(3)将起偏器拿下,将白屏靠近可调半导体激光器,松开可调半导体激光器支杆紧固螺钉,使激光光斑打在白屏中间的小孔上,再拧紧支杆紧固螺钉;将白屏沿导轨远离可调半导体激光器,调节可调半导体激光器四维调整架上的微调螺钉,使激光光斑仍然在白屏中间的小孔上。在导轨上来回移动白屏,使激光光斑始终位于白屏中间的小孔上,此时说明激光光轴的准直调好了。

(4)将电光晶体及可调支架放在导轨上,距光源 15cm 左右,观察激光束是否对准电光晶体中央,如果位置偏移,则调节电光晶体的可调支架,通过精细调节,使激光束严格沿着光轴的方向通过电光晶体。

(5)将起偏器、检偏器分别放在晶体的前、后两侧,将光电探测器放在白屏后面。调整起偏器、检偏器及光电探测器的高度,使它们与激光束共轴。

2. 观察单轴晶体、双轴晶体的偏振干涉图

将晶体连同滑座轻轻拿下,让激光束依次通过起偏器和检偏器,旋转检偏器,使其

与起偏器的透光轴正交，即处于消光状态；再将晶体放在起偏器和检偏器之间，靠晶体的入射面放置一块毛玻璃片（该玻璃片起到扩束、散射的作用），此时在白屏上可观察到单轴晶体偏振图，如图 4-14（a）所示。如果单轴晶体偏振图的中心不在白屏中心，则可以再次调节晶体可调支架上的微调螺钉，使单轴晶体偏振图的中心落在白屏中心。给晶体加上正极性偏压，可观察到双轴晶体偏振图，如图 4-14（b）所示。改变晶体所加偏压极性，偏振图将旋转90°，如图 4-14（c）所示。

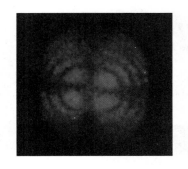 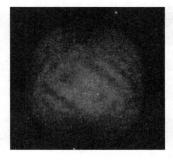 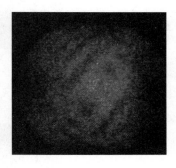

（a）单轴晶体偏振图　　　　（b）正偏压时的双轴晶体偏振图　　　　（c）负偏压时的双轴晶体偏振图

图 4-14　偏振图

3．观察交流信号的调制特性，测定晶体的半波电压

（1）拿掉晶体入射面处的毛玻璃片，撤走白屏，用光电探测器接收透过起偏器、电光晶体和检偏器的激光。

（2）给晶体同时加上直流偏压和正弦波信号，加法器把直流偏压和正弦波交流电压叠加在一起并输出到线性电光调制器中，对激光进行调制，经过光纤传输，被光电探测器接收，将光信号转换成电信号，返回到电光调制电源及信号箱中。再用双踪示波器同时观察作为信号源的正弦波信号和加载到激光上经光纤传输、光电转换之后的解调正弦波信号。改变加在电光调制器上的直流偏压，可以从示波器上看到，解调出来的正弦波信号波形也跟着变化，可能出现不失真（见图 4-15）、上失真（见图 4-16）、下失真（见图 4-17）、双失真、倍频失真（见图 4-18）等现象，记录信号波形及对应的直流偏压。调整直流偏压，使输出光强度出现极大值或极小值，通过示波器可以看出交流信号出现倍频失真，出现相邻两次倍频失真的直流偏压之差就是半波电压。

4．测定直流输出特性曲线

关掉电源及信号箱上的正弦波信号，仅给晶体加直流偏压，根据第 3 步测得的两次相邻倍频失真时的直流偏压值，可以从一次倍频失真对应的直流偏压值开始测量，逐渐改变（升高或降低）直流偏压，直至另一次倍频失真时的直流偏压值。依次记录直流偏压值及相应光强幅度值。

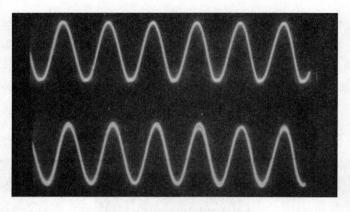

图 4-15　实测电光调制不失真波形

（图中上面的正弦波为信号源波形，下面的波形是解调出来的不失真波形）

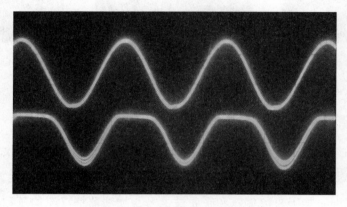

图 4-16　实测电光调制上失真波形

（图中上面的正弦波为信号源波形，下面的波形是解调出来的上失真波形）

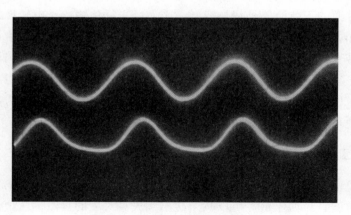

图 4-17　实测电光调制下失真波形

（图中上面的正弦波为信号源波形，下面的波形是解调出来的下失真波形）

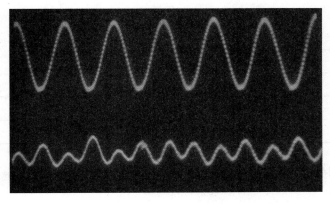

图 4-18 实测电光调制倍频失真波形

（图中上面的正弦波为信号源波形，下面的波形是解调出来的倍频失真波形）

5．电光调制与光纤通信实验演示

当观察到的解调正弦波信号不失真时，保持电光调制器上的直流偏压不变，将正弦波信号换成音频信号，可以观察到音频信号不失真的空间光纤通信现象，解调出来的音频信号可以通过扬声器播放出来。当改变电光调制器上的直流偏压时，解调出来的音频信号也跟着改变，出现失真现象。

6．用 1/4 波片选择工作点

把 1/4 波片安置在起偏器内，旋转晶压调整旋钮，使晶体电压显示屏上的显示为零（去掉了晶体上加的直流偏压）。当把 1/4 波片缓慢旋转一周时，将出现四次线性调制和四次倍频失真。

六、实验数据及处理

1．单轴晶体偏振图、双轴晶体偏振图（正、负极性各一幅）

2．直流输出特性测量

将实验所得数据填在表 4-6 中。

表 4-6　电光晶体直流输出特性实验数据表格

直流偏压/V										
光强幅值/V										
直流偏压/V										
光强幅值/V										

3．根据测得的数据拟合直流输出特性曲线（纵坐标为光强度，横坐标为直流偏压）

4．直流偏压对输出特性的影响

（1）输入信号波形。

（2）输出信号上失真波形（直流偏压：　　　　　　　　　　）。

（3）输出信号下失真波形（直流偏压：　　　　　　　　　　）。

（4）输出信号相邻两次倍频失真波形（直流偏压1：　　　　直流偏压2：　　　　）。

（5）输出信号不失真波形（直流偏压：　　　　　　　　）。

5．晶体半波电压

要求学生自己计算晶体半波电压。

反侵权盗版声明

电子工业出版社依法对本作品享有专有出版权。任何未经权利人书面许可，复制、销售或通过信息网络传播本作品的行为，歪曲、篡改、剽窃本作品的行为，均违反《中华人民共和国著作权法》，其行为人应承担相应的民事责任和行政责任，构成犯罪的，将被依法追究刑事责任。

为了维护市场秩序，保护权利人的合法权益，我社将依法查处和打击侵权盗版的单位和个人。欢迎社会各界人士积极举报侵权盗版行为，本社将奖励举报有功人员，并保证举报人的信息不被泄露。

举报电话：（010）88254396；（010）88258888

传　　真：（010）88254397

E-mail：　　dbqq@phei.com.cn

通信地址：北京市海淀区万寿路 173 信箱

　　　　　电子工业出版社总编办公室

邮　　编：100036